普通高等学校"双一流"建设建筑大类专业系列教材

建筑 规划 景观设计理论与方法丛书

主编　余世策

副主编　蔡朋程

钢筋混凝土结构

基本原理实验及虚拟仿真

华中科技大学出版社
http://press.hust.edu.cn

中国·武汉

内容提要

本教材主要包括五章：第一章为绪论，从钢筋混凝土结构特点和实验方法、课程思政、教材内容等几方面介绍本教材；第二章主要介绍钢筋混凝土结构实验主要仪器设备，包括万能试验机、液压加载系统、应变测量设备、位移测量设备、荷载测量设备和裂缝测宽设备；第三章主要介绍结构静载实验程序和方法，包括实验准备工作、实验观测方案的制定、实验荷载和加载方法以及实验结果的整理分析等；第四章主要为钢筋混凝土结构基本原理实验指导，包括钢筋及混凝土材料性能实验和五个钢筋混凝土结构实验；第五章主要为钢筋混凝土结构虚拟仿真实验指导。

图书在版编目（CIP）数据

钢筋混凝土结构基本原理实验及虚拟仿真 / 余世策主编；蔡朋程副主编. -- 武汉：华中科技大学出版社，2025.6. -- ISBN 978-7-5772-1933-2

Ⅰ. TU375

中国国家版本馆CIP数据核字第20254YS948号

钢筋混凝土结构基本原理实验及虚拟仿真　　　　　　余世策　主编
Gangjin Hunningtu Jiegou Jiben Yuanli Shiyan ji Xuni Fangzhen　　蔡朋程　副主编

出版发行：华中科技大学出版社（中国·武汉）	电话：（027）81321913
地　　址：武汉市东湖新技术开发区华工科技园	邮编：430223

策划编辑：贺　晴	封面设计：王　娜
责任编辑：赵　萌	责任监印：朱　玢

印　　刷：武汉科源印刷设计有限公司
开　　本：889 mm×1194 mm　1/16
印　　张：9.75
字　　数：175千字
版　　次：2025年6月第1版　第1次印刷
定　　价：49.80元

序

钢筋混凝土结构基本原理是土木工程学科的核心课程,其显著特征在于理论与实践应用的深度结合,肩负着培养高素质、复合型工程建设人才的重要职能。实验教学作为其中不可或缺的环节,既是理论知识的验证基石,亦是锤炼学生动手能力与解决复杂工程问题实践素养的重要载体。然而,长期以来,课程教学中普遍存在理论讲授偏重、实践环节偏弱,注重考试评价导向、过程能力培养不足的倾向。加之钢筋混凝土结构实验本身具有综合性要求高、操作工序繁杂、组织实施难度大等特点,客观上制约了国内实验教学的发展进程,尤其在体系化实验教材建设领域则更显滞后。目前,除个别结构实验类教材涵盖相关内容外,国内尚无一部专门面向钢筋混凝土结构基本原理实验教学的针对性教材。

近年来,国家大力发展虚拟仿真实验教学,为高校突破实体实验教学瓶颈提供了有效路径。融合线上虚拟平台与线下实体操作的混合式教学模式,正以前所未有的速度推动着课程实验教学的深度变革。在此背景下,《钢筋混凝土结构基本原理实验及虚拟仿真》教材的编纂出版具有填补空白、引领发展的重要意义。

浙江大学钢筋混凝土结构实验教学团队长期投身于该领域实验教学的系统性改革与持续性创新:首创了"集约分层式"教学模式并成功应用于实践,显著提升了教学效率与针对性;自主研发了教学演示系统,有力支撑了互动启发式教学的开展;探索实施了多样化探究性实验教学方法,有效激发了学生的创新能力;成功开发的钢筋混凝土结构虚拟仿真实验系统,与教育部"实验空间"平台开放共享,并实现了基于虚拟仿真平台的线上线下混合式教学。

本教材深度凝练了团队十多年的教学改革精华与创新成果,不仅系统阐述了钢筋混凝土结构实验教学的基础理论与核心方法,提供了翔实的实验指导,有机整合了线下实体实验与线上虚拟仿真两大教学模块，更巧妙地融入了课程思政元素，契合国家新时代卓越工程人才培养的核心理念，应用价值突出，示范推广潜力大。

　　本教材是浙江大学混凝土结构教学团队构建"面向拔尖创新人才的混凝土结构课程本硕博贯通教材体系"的重要战略组成部分。深信其出版必将在全国范围发挥标杆示范效应，实质推动钢筋混凝土结构实验教学水平的整体跃升，并为深化工程实践教育系统化改革与发展注入强劲动力。

金伟良

2025 年 6 月

前　言

本实验教材是根据浙江大学土木、水利与交通工程专业课"钢筋混凝土结构基本原理"的实验教学大纲要求编写的。本教材涵盖了钢筋混凝土结构实验教学的相关基础知识和实验指导，注重实践性和全局性，列入了钢筋混凝土结构受力破坏虚拟仿真实验的内容，以满足线下实验教学和线上虚拟仿真实验教学的需求。

本教材主要包括五章：第一章为绪论；第二章主要介绍钢筋混凝土结构实验主要仪器设备，包括万能试验机、液压加载系统、应变测量设备、位移测量设备、荷载测量设备和裂缝测宽设备；第三章主要介绍结构静载实验程序和方法，包括实验准备工作、实验观测方案的制定、实验荷载和加载方法以及实验结果的整理分析等；第四章主要为钢筋混凝土结构基本原理实验指导，包括钢筋及混凝土材料性能实验和五个钢筋混凝土结构实验；第五章主要为钢筋混凝土结构虚拟仿真实验指导。

本教材是浙江大学土木、水利与交通工程专业课"钢筋混凝土结构基本原理"配套的实验指导教材，也可以作为其他本科院校、高等专科学校、高等职业技术学院的教学用书，以及土建工程技术人员的参考用书。

本书由余世策任主编、蔡朋程任副主编。本书第一章至第三章第三节、第四章、第五章第一节由余世策编写，第五章第二至六节由蔡朋程编写，第三章第四节由余世策和蔡朋程共同编写，全书由余世策统稿。本书的编写工作得到了浙江大学 2024 年度本科教材建设项目和浙江大学建筑工程学院 2024—2025 院级教材建设项目等的资助，在此表示感谢！由于编写时间仓促，经验不足，书中错误和疏漏恐难避免，欢迎广大教师和读者批评指正。

编　者

2025 年 2 月

目 录

1

绪论

1.1 钢筋混凝土结构特点和实验方法

1.1.1 钢筋混凝土结构的特点

随着我国经济建设的迅速发展，钢筋混凝土结构被越来越广泛地应用到土木工程领域。钢筋混凝土结构以混凝土承受压力、钢筋承受拉力，充分地利用了混凝土的高抗压性能和钢筋的高抗拉性能。与素混凝土结构相比，钢筋混凝土结构承载力大大提高，破坏也呈延性特征，且伴有明显的裂缝和变形发展。对于一般工程，钢筋混凝土结构经济指标优于钢结构，技术经济效益显著。此外，钢筋的配置还能有效改善混凝土的受压性能，降低混凝土的脆性和减小构件截面尺寸。

1. 优点

钢筋混凝土结构的优点包括以下几点：

①合理用材。能够充分地利用钢筋的高抗拉性能和混凝土的高抗压性能。

②耐久性好。在一般环境中，钢筋受到混凝土保护而不易生锈，而混凝土的强度随着时间的增长还有所提高，所以其耐久性较好。

③耐火性好。混凝土是不良导热体，遭遇火灾时，钢筋因有混凝土包裹而不至于很快升温到失去承载力的程度。

④可模性好。混凝土可根据设计需要支模浇筑成各种形状和尺寸的结构。

⑤整体性好。整体浇筑的钢筋混凝土结构整体性好，再通过合适的配筋，可获得较好的延性，有利于抗震、防爆和防辐射，适用于防护结构。

⑥易于就地取材。混凝土所用的原材料中，占很大比例的石子和砂子产地普遍，便于就地取材。

2. 缺点

钢筋混凝土结构的缺点包括以下几点：

①自重偏大。相对于钢结构来说，钢筋混凝土结构自重偏大，这对于建造大跨度结构和高层建筑是不利的。

②抗裂性差。由于混凝土的抗拉强度较低，在正常使用时，钢筋混凝土结构往往带裂缝工作，裂缝的存在会影响结构物的正常使用性和耐久性。

③施工比较复杂，工序多。施工受季节、天气的影响也较大。

④新老混凝土不易形成整体。钢筋混凝土结构一旦破坏，修补和加固比较困难。

由此可见，钢筋混凝土结构虽然存在一定的局限性，但其综合性能优越，仍是现代土木工程中不可替代的重要结构。

1.1.2 钢筋混凝土结构受力破坏的实验方法

钢筋混凝土结构中钢筋和混凝土两种材料的相互作用使得钢筋混凝土结构的力学性能极为复杂。钢筋混凝土结构受力破坏实验不仅能为结构设计和分析提供重要依据，还能帮助工程师理解结构的受力性能和破坏机制。通过实验测定混凝土的强度、刚度、开裂荷载及裂缝宽度等参数，可以为实际工程提供可靠的数据支持，确保结构的安全性和耐久性。

钢筋混凝土结构受力破坏的实验方法主要包括以下步骤和内容：

①试件准备：根据实验要求，准备钢筋混凝土试件，包括钢筋下料、钢筋弯折、钢筋应变片粘贴、绑扎箍筋、浇筑混凝土、养护、刷白、划线、贴铜柱、贴混凝土应变片等。涉及的知识要点包括钢筋骨架的构造和内部测点的布置、构件制作流程和质量控制、钢筋和混凝土应变片的粘贴技术等。

②试件安装与测试准备：根据实验要求，准备设备并进行试件安装和调试，包括千斤顶安装、油泵连接、支座安装、试件安装、分配梁安装、荷载传感器安装、位移计安装、导线的连接与调试。涉及的知识要点包括加载装置的构成、液压加载系统的组成、试件边界条件实现方法、应变片接线方法等。

③理论计算：包括材料力学特性计算、构件开裂荷载计算、构件正常使用荷载计算、构件极限承载力计算、初始等效荷载计算等。涉及的知识要点包括钢筋和混凝土材料性能实验数据处理方法、构件理论计算方法、等效荷载计算方法等。

④加载前准备：包括应变仪预热、预加载，检查仪表工作情况，读取百分表（或千分表）、静态应变仪和手持式引伸仪的初始读数。涉及的知识要点包括应变仪的使用方法、静载实验加载程序、百分表（或千分表）的读数方法等。

⑤实验加载：根据受力特性及计算的开裂荷载和破坏荷载，对构件进行分级加载，分三个阶段（即弹性阶段、带裂缝工作阶段和破坏阶段）观察裂缝的开展，记录实验数据。涉及的知识要点包括加载系统使用方法、裂缝观测仪使用方法、数据记录方法、根据整体变形和局部变形的变化情况及裂缝开展的情况解析钢筋和混凝土在受力中所起的作用等。

⑥数据处理和分析：根据实测数据进行数据处理，分别绘制荷载－挠度曲线、荷载－钢筋应变曲线、荷载－混凝土应变曲线、混凝土表面不同位置的应变分布曲线等。涉及的知识要点包括理论计算结果与实验数据的对比、平截面假定的适用条件、裂缝开展情况与结构局部变形之间的关联、不同构件实验结果的差异与结构内部钢筋配置的联系等。

1.2 钢筋混凝土结构基本原理实验课程思政

课程思政是开展钢筋混凝土结构基本原理实验的基本保障，主要包括对学生爱国情怀的培养、团队协作精神的培养、大国工匠精神的培养、社会责任感和职业道德教育、主体意识和创新思维的培养等。

1.2.1 爱国情怀的培养

爱国情怀体现了对祖国的深厚感情，反映了个人对国家的依存关系，是对自己故土家园、民族和文化的归属感、认同感、尊严感与荣誉感的统一，是民族精神的核心。以钢筋混凝土结构为主体的国家工程建设是国家发展的重要组成部分，三峡工程、港珠澳大桥、南水北调工程、上海中心大厦、国家大剧院、央视总部大楼等著名工程无不体现了中国工程建设在世界工程建设中的重要地位。在钢筋混凝土结构基本原理实验的教学过程中，老师要让同学们了解培养国家荣誉感以及学习专业知识的重要性，以此培养学生的大国情怀。

1.2.2 团队协作精神的培养

团队协作精神是团队成员共同认可的一种集体意识，具有强大的凝聚力和号召力。以实现目标为共同愿望，树立团队协作精神，首先要统一思想、同心同战、配合默契、分工合作，能设身处地为他人着想、齐心协力在团体奋斗中发挥个人才智，形成合力，从而发挥整体效能。任何一项大工程都需要团队合作完成，因此团队协作精神的培养是非常重要的。钢筋混凝土结构实验是团队合作实验的典型代表，整个过程人工和材料消耗大、工序复杂、时间跨度长，需要多名学生通力合作方能完成。在整个实验过程中既有分工又有协作，团队的每位成员都充分发挥自身的优势，积极展现专业素养，这使团队协作更顺畅，整体工作效率更高。

1.2.3 大国工匠精神的培养

工匠精神是指工匠对自己的产品精雕细琢、精益求精、一丝不苟的精神。中国自古以来就是一个工匠大师辈出的国度，从木工之祖公输班、善造攻城设施的墨子、建筑之集大成者宇文恺，到当代为北斗导航作出突出贡献的高级技师、"天眼"射电望远镜的装配专家、焊接火箭发动机和高铁的大师、被誉为"世界带电作业第一人"的特高压带电检修工、我国第一代核燃料师、敦煌研究院文物修复保护专家等，这些杰出人物不仅是一代大国工匠，他们的精神更是中华民族敬业精神的生动写照。模型制作是钢筋混凝土结构实验的重要组成部分，模型制作的质量直接影响实验成果的优劣，因此在实验模型的制作过程中需要每位同学牢记质量第一，深刻领会大国工匠精神。

1.2.4 社会责任感和职业道德教育

在当代社会，培养学生的社会责任感和职业道德尤为重要。社会责任感要求从业人员在职业活动中不仅关注自身利益，还要积极承担对社会的责任和义务，而职业道德是履行社会责任的基础和前提，只有具备了良好的职业道德，才能更好地履行社会责任。钢筋混凝土结构的设计施工关系到公共安全和社会利益。作为未来的工程从业者，学生需要深入理解结构工程师的社会使命和职业责任。在进行钢筋混凝土结构实验时应秉持高度的社会责任感，具体表现为：严格遵守实验操作规程，准确记录实验数据，确保实验数据的客观性；杜绝任意修改实验数据，坚守职业道德底线；杜绝任何弄虚作假和不负责任的行为。

1.2.5 主体意识和创新思维的培养

主体意识体现了新时代对教学的要求，也是以人为本，尊重学生的个性发展，因材施教的重要表现，而创新是社会发展的动力源泉，是民族的灵魂。培养学生的主体意识和创新思维也是本课程思政教育的重点。一方面，钢筋混凝土结构受力破坏特征受多种参数影响，变化非常复杂。因此学生需要深入理解不同构件的力学性能和破坏形态，并据此分析研究钢筋和混凝土发挥的作用。这就需要学生通过多种构件的实验进行自主探究和对比分析。另一方面，钢筋混凝土构件制作过程中的干扰因素较多，均会对实验结果产生影响。因此做好钢筋混凝土结构受力破坏实验需要发挥学生的主体意识和创新思维，让学生能够透过各种实验现象剖析产生这种现象的原因，加深对钢筋混凝土结构基本原理的理解，而不是机械地接受实验结果。

1.3 本教材的主要内容

编者配合本科生专业课"钢筋混凝土结构基本原理"的课程教学，针对钢筋混凝土结构线上和线下实验教学编写了本教材。本教材集课程组十多年的教学改革成果于一体，内容广泛，针对性强，能极大增强学生的学习效果，同时本教材填补了国内钢筋混凝土结构实验教材的空白，具有较好的社会应用价值。

本教材分为五章，第一章为绪论，从钢筋混凝土结构特点和实验方法、课程思政、教材内容等几方面介绍本教材；第二章介绍钢筋混凝土结构实验的主要仪器设备，包括万能试验机、液压加载系统、应变测量设备、位移测量设备、荷载测量设备、裂缝测宽设备等；第三章介绍结构静载实验程序和方法，包括实验准备工作、实验观测方案的制定、实验荷载和加载方法、实验结果的整理分析等；第四章为钢筋混凝土结构基本原理实验指导，包括钢筋及混凝土材料性能实验、钢筋混凝土梁的正截面受弯性能实验、钢筋混凝土梁的斜截面受剪性能实验、钢筋混凝土短柱偏心受压性能实验、钢筋混凝土梁受纯扭性能实验、后张预应力钢筋混凝土梁受弯性能实验等；第五章为钢筋混凝土结构虚拟仿真实验指导，包括虚拟仿真实验概述，登录、启动和软件界面介绍，钢筋混凝土结构构件制作安装虚拟仿真，钢筋混凝土梁受弯破坏虚拟仿真，钢筋混凝土梁受剪破坏虚拟仿真，钢筋混凝土柱受偏压破坏虚拟仿真等。

2

钢筋混凝土结构实验主要仪器设备

2.1 概述

钢筋混凝土结构在其服役期间要承受多种作用，如重力荷载、地震作用、风荷载、地基不均匀沉降、温度变化等。这些作用可以分为直接作用和间接作用。直接作用（通常称为荷载）主要包括结构的自重和作用在结构上的外力；而间接作用则是指引起结构变形和约束变形的其他因素，包括地震作用、温度变化、地基不均匀沉降、其他环境影响以及结构内部的物理化学反应等。直接作用（荷载）可分为静荷载和动荷载两类。在静荷载作用下，结构的加速度反应通常很小，可以忽略；而在动荷载作用下，结构的反应随时间推移产生明显变化，使结构产生不可忽略的加速度反应。在实际工程中，静荷载在结构承受的荷载中占主导地位，而且在结构设计中，为简化计算，一般将动荷载等效折算成静荷载进行处理。结构在静荷载作用下的力学性能是工程设计的重点研究对象，相应地，在钢筋混凝土结构实验的教学中结构静载实验始终是最主要的教学内容。

钢筋混凝土结构静载实验指通过对结构构件施加静荷载，采用各种测试方法对结构构件的各种反应（如位移、应变、裂缝）进行观测和分析，以评估结构构件的强度、刚度、稳定性。通过该实验可以了解结构的工作性能、正常使用性能和承载能力。一个完整的工程结构静载实验，其要素一般包括三部分：一是研究的实验对象，即来源于现实工程的结构或构件，包括原型和缩尺的模型；二是施加静荷载的加载系统；三是获得实验数据的传感及数据采集系统。在实验对象选定的前提下，结构静载实验关注的重点是加载系统和测试系统两大部分。本章介绍钢筋混凝土结构实验的主要仪器设备，主要针对静载实验设备，包括加载系统和测试系统，以加深读者对结构静载实验基本原理的理解。此外，获取钢筋和混凝土的材料特性是钢筋混凝土结构实验的基础，因此本章首先介绍钢筋和混凝土材料实验的关键设备——万能试验机。

2.2 万能试验机

万能试验机是一种集拉伸、弯曲、压缩、剪切等功能于一体的材料试验机，主要用于金属、非金属材料力学性能实验。本节主要介绍两种万能试验机，即液压式万能试验机和微机控制电子万能试验机。

2.2.1 液压式万能试验机

1. 基本构造

（1）主体构造。

液压式万能试验机的主体包括台座、工作活塞、工作油缸、传感器、夹具、横梁、丝杠等，如图 2-1 所示。主体框架由横梁、丝杠、台座组成，用于平衡试件所受的荷载，要求各部分具有较大的刚度。试验机的受压空间和受拉空间高度可通过横梁的升降或活塞的升降来调节。对于油缸上置式试验机，拉伸空间一般位于下部，而油缸下置式试验机的拉伸空间一般位于上部。

（2）控制及油路部分。

控制及油路部分主要由工作油缸、回油阀、送油阀、油泵、油箱、控制开关等组成。工作油缸、回油阀、送油阀、油泵、油箱一起组成互通回路，且与测力油缸相连。实验时，加载、恒载和卸载操作可通过送油阀和回油阀的开启或关闭完成。送油阀开启得越大，加载的速度越快，反之越慢。

开启电源并启动油泵后，若将送油阀和回油阀同时开启，可排除回路中的空气泡，关闭回油阀的同时开启送油阀，可使活塞上升，实现对试件的加载；加载后同时关闭送油阀和回油阀则可使试件受到较为恒定的荷载；加载完成后若开启回油阀则可卸载。

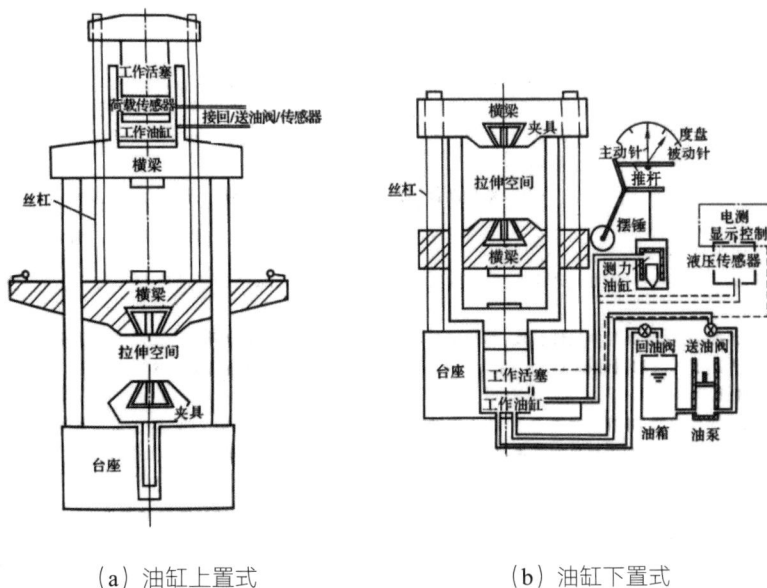

（a）油缸上置式 （b）油缸下置式

图 2-1 液压式万能试验机构造示意图

（3）测力部分。

①液压摆锤机构试验机的测力系统由测力油缸、摆锤、推杆、指针、度盘等组成。测力油缸与工作油缸油路相连通。当加载时，油压同时作用于测力油缸，产生的力与摆锤的重力以主轴为支点，形成力矩平衡。当测力活塞在油压作用下产生移动时，通过连接件使主轴带动推杆产生与荷载成正比的线位移。将线位移转换成角位移后，由主动针在度盘中指示出作用在试件上的荷载值。因此通过摆锤质量的增减，可以调整试验机的量程。荷载指示机构被密封在玻璃罩内，指示度盘上的指示荷载值指针有两根：一根为主动针，指示的是当前实际荷载值；一根为从（被或随）动针，由主动针带动旋转，可指示出曾达到的最大荷载值。

此外，通过自动描绘器粗略地描绘出试件的荷载 – 变形曲线，可较为形象地描述荷载与变形之间的大致关系。

②电测测力机构试验机的测力系统由液压传感器或荷载传感器、显示器等组成。液压传感器与工作油缸相连，荷载传感器直接与承压板相连。当加载时，液压传感器将油压信号转换成电信号输出，该信号与测力活塞面积参数经单板机处理后，可在显示器直接显示荷载值，同时也可显示加载速度、最大荷载等数据；而荷载传感器则直接显示荷载值，其他同液压传感器。

2. 试验机的操作

以下通过拉伸实验分别介绍液压摆锤机构试验机和电测测力机构试验机的操作方法。

（1）液压摆锤机构试验机。

①估算试件的最大荷载，选定相应的量程，即确定摆锤的数量，最大荷载应在量程的20%~80% 范围内。

②开启电源，根据拉伸试件长度，移动横梁，调整拉伸空间高度。

③开启送油阀和回油阀，启动油泵，空转 1 ~ 2 分钟，使油路中充满油，排除回路中的空气。

④关闭回油阀，使工作油缸内活塞略微上升，待活塞上升约 10 mm 时，关闭送油阀。

⑤调整度盘或转动推杆，使指针读数为零，消除活塞、横梁等自重的影响。

⑥将试件两端在夹具中居中夹紧，开启送油阀，开始对试件加载。

⑦根据指针转动速度估计加载速度，调整送油阀的开启大小，使加载速度符合要求。

⑧金属材料拉伸时：达到屈服阶段后，指针在一定范围内往复摆动，此时观察指针的变化以确定并记录屈服荷载；达到荷载最大值后，记录抗拉荷载，同时观察试件颈缩状况。其他材料拉伸时：达到荷载最大值后，记录抗拉荷载。

⑨试件拉断后，松开夹具，取下被破坏试件，打开回油阀，关闭送油阀，关闭电源。

⑩清理试验机。

（2）电测测力机构试验机。

①估算试件的最大荷载，选定合适量程的试验机，最大荷载应在量程的 20%~80% 范围内。

②开启电源，根据拉伸试件长度，移动横梁，调整拉伸空间高度。

③开启送油阀和回油阀，启动油泵，空转 1~2 分钟，使油路中充满油，排除回路中的空气。

④关闭回油阀，使工作油缸内活塞略微上升，待活塞上升约 10 mm 时，关闭送油阀。

⑤按置零钮，使初读数显示为零，消除活塞、横梁等自重的影响。

⑥将试件两端在夹具中居中夹紧，开启送油阀，开始对试件加载。

⑦根据显示的加载速度，调整送油阀的开启大小，使加载速度符合要求。

⑧试件拉断后，再按打印钮，打印出相应的荷载值。或者按照液压摆锤机构试验机的操作方法，根据显示荷载值的变化确定并记录屈服荷载和抗拉荷载。

⑨松开夹具，取下被破坏试件，打开回油阀，关闭送油阀，关闭电源。

⑩清理试验机。

2.2.2　微机控制电子万能试验机

1. 基本构造

（1）主体部分。

主体部分主要包括门式框架、高精度丝杠、横梁、伺服电机、夹具等，如图 2-2 所示，主体部分有压缩和拉伸两个空间，可以通过横梁的升降调整试验机实验空间的高度。

（2）测控部分。

测控部分由电气控制器、荷载传感器、位移传感器、引伸计、计算机及控制软件共同组成，可自动控制实验加、卸载过程，并自动测试荷载、应力、位移、变形、应变等参数，也可通过软件实现后续处理工作。

2. 试验机的操作

①开启电源，启动控制器和计算机。

②启动控制软件，根据软件要求输入实验类型（拉伸、压缩、剪切等）、试样参数等。

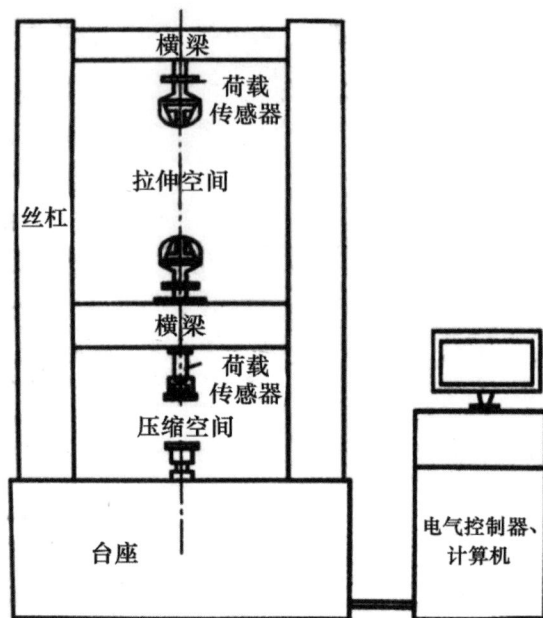

图 2-2　微机控制电子万能试验机构造示意图

③设置实验加载模式或加载过程。

④根据试件情况调整横梁位置，使实验空间满足要求。

⑤将试件置于压板上或夹具中，安装引伸计或应变测量装置。

⑥进行荷载和引伸计清零操作。

⑦开始实验，界面会显示随时间变化的荷载－位移曲线或强度－应变曲线。

⑧到设定应变点时，移除引伸计或应变测量装置。

⑨实验结束，清理试验机，处理数据。

2.3　液压加载系统

结构静载实验的加载方法可分为几大类：一是重物加载，即将各种物体的自重加于结构上作为荷载；二是气压加载，即利用压缩空气的压力对结构施加荷载；三是机械力加载，即采用卷扬机、绞车、花篮螺栓、倒链（手拉葫芦）、螺旋千斤顶和弹簧等机具对结构施加机械力；四是液压加载，即用高压油泵将具有一定压力的液压油压入液压加载器的工作油缸，使之推动活塞对结构施加荷载。液压加载是目前工程结构实验中应用比较普遍和理想的一种加载方法。它最大的优点是能够产生很大的荷载，实验操作安全方便。与材料试验机相比，它更适用于要求荷载点数多、吨位大的大型结构构件实验。根据控制方式的不同，液压加载系统可分为手动控制液压加载系统和电液伺服液压加载系统。

2.3.1　手动控制液压加载系统

手动控制液压加载系统是指由操作人员手动控制加载过程和加载负荷的液压加载装置，主要由液压加载器和液压动力源两个部分组成。这套系统的优点是成本低、结构简单、操作方便；缺点是加载控制精度低，一般只能单向加载，多通道同时加载时需要多个操作人员同时工作。另外，手动控制液压加载系统加载和负载的控制精度完全由操作人员决定，而且普通液压千斤顶还存在摩擦大、响应滞后等问题。因此，手动控制液压加载系统不能应用于多通道协调加载、循环加载、拟动力加载等结构实验领域。

1. 液压加载器

液压加载器（千斤顶）是液压加载设备中的一个主要部件。其主要工作原理是用高压油泵将具有一定压力的液压油压入液压加载器的工作油缸，使之推动活塞，对结构施加荷载。下面以分离式油压千斤顶为例进行介绍。

（1）用途与使用范围。

分离式油压千斤顶是一种与高压油泵站或手动油泵配套使用的液压工具，它除了能够完成起升、顶推、扩张、挤压等基本作业，还能实现拉伸、夹紧、校正等复杂操作。该型千斤顶除能垂直使用外，还可在任意方位使用。它具有操作简单、活塞升降变换灵活、外形小巧、维修方便、重量轻等特点，其外形如图 2-3 所示。

千斤顶可根据要求安装或不安装液控单向阀。安装液控单向阀后，可保证在负载的情况下活塞停留在所需的任意位置上，并在一定时间内自锁、定位、保压等。安装安全阀后，当安全阀所在的油腔压力超过安

图 2-3　千斤顶

全阀的调节压力时，安全阀会自动开启喷油，保护千斤顶。装有快速接头的高压软管可方便灵活地将千斤顶与油泵连接起来，并能远离作业场所操作，避免操作人员进入危险作业环境中作业。千斤顶在配备附件后，可实现低高度、大行程的作业，扩展了其应用范围。千斤顶根据不同的

使用要求，可选择配备不同型号的油泵。

（2）使用注意事项。

①为了保证各项基本参数的正确性，应定期对千斤顶进行检查，并分别建立档案，正确记录修理、实验和使用时的技术状况。

②千斤顶的工作介质是由油泵提供的，油泵应确保所输送的油内不含水及其他混合物，因此建议采用抗磨液压油作为工作介质。

③新的或久置的千斤顶，因腔内可能存有空气，开始使用时活塞杆可能出现微小的爬行现象，可将千斤顶空载往复运动 2 ～ 3 次，以排除腔内的空气。长期闲置的千斤顶，其密封件可能发生永久变形和老化，在其重新启用时可能会影响正常使用，必要时应更换新的密封件。

④千斤顶的安全阀在出厂前开启压力已调定，不能随意将压力调高，以免造成千斤顶的损坏。千斤顶遇到类似堵管等意外情况会造成油腔的压力超过安全阀的调定压力，此时，安全阀会开启喷油，以避免油缸发生涨缸。

⑤千斤顶不能超载使用。千斤顶的底平面应与被顶升的重物呈平行状态，并与支承垫固定牢靠。在千斤顶的搬运及使用过程中，应避免剧烈震动。

⑥千斤顶不宜在腐蚀性和高温的环境中工作。

⑦高压软管弯曲半径应大于 200 mm，高压软管要在液压系统没有压力的情况下装、卸，严禁在软管有压力的情况下装、卸。卸下软管后，将软管两端的内、外管接头对接，同时为千斤顶上的两个外管接头装上防护套。

⑧千斤顶严禁用一根软管对无杆腔输入压力油，以防止有杆腔增压，造成油缸涨缸从而发生永久损坏，甚至造成危险。同样，严禁用一根软管对有杆腔输入压力油。

⑨为了防止高压软管老化发生意外，高压软管的使用期自制造日起不应超过三年，同时还需要定期检查软管的外表破损情况，若发现破损应及时更换。严禁将软管强力弯曲、扭转，以免损伤软管。

⑩千斤顶每两年要进行一次保养，要更换油压千斤顶中所有的密封件、挡圈，以防止它们的永久变形和老化导致千斤顶失效。

2. 液压动力源

液压动力源是向液压加载器提供液压动力的设备。手动控制液压加载系统的液压动力源一般可分为电动油泵站和手动油泵两种。

（1）电动油泵站。

图 2-4 为电动油泵站的外形图，图 2-5 为电动油泵站的原理图，图 2-6 为电动油泵站的机构俯视图，其操作方法和注意事项如下：

①将溢流阀Ⅱ调至开启状态（逆时针旋松），关闭溢流阀Ⅰ，将换向阀手柄转到中间位置。

②启动电动机（电动机正反转均可）。待油泵站运转正常，达到工作状态后，将换向阀手柄转到右边位置上，然后顺时针旋转溢流阀Ⅱ上的调压螺帽进行压力调节，调到系统额定压力后，再将换向阀手柄转到中间位置。

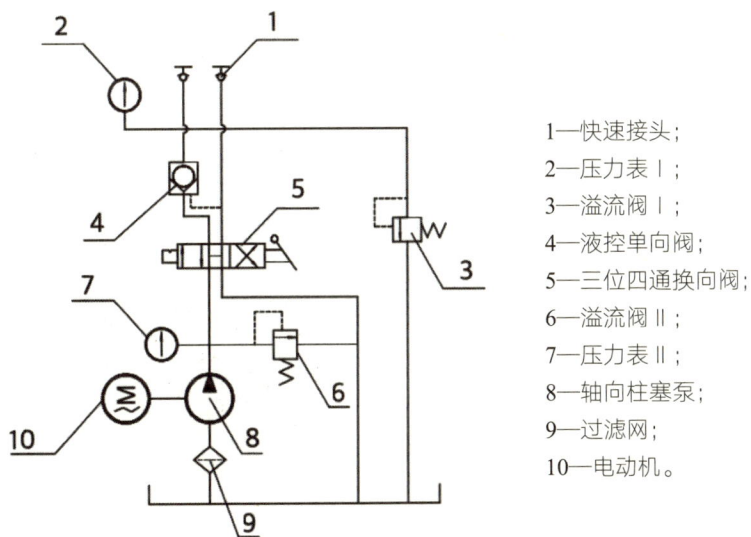

图 2-4 电动油泵站

③将装有快速接头的高压软管的油泵站与千斤顶牢固连接，启动电动机，将千斤顶上升换向阀手柄转到中间位置，以使系统保压。慢慢旋松溢流阀Ⅰ，千斤顶下腔的压力也随之慢慢下降，则重复旋松溢流阀Ⅰ的步骤。如将换向阀转到另一位置，则千斤顶直接下降。

④严禁在管内有压力的情况下装卸高压软管，拆下高压软管后，油泵站的进、出油口必须用防护套封住，以防杂质进入接头内。

⑤高压软管使用时，用力方向应与轴向平行，防止擦伤，并注意清洁。

⑥快速接头拆装时，用力方向应与轴向平行，防止擦伤，并注意清洁。

1—快速接头；
2—压力表Ⅰ；
3—溢流阀Ⅰ；
4—液控单向阀；
5—三位四通换向阀；
6—溢流阀Ⅱ；
7—压力表Ⅱ；
8—轴向柱塞泵；
9—过滤网；
10—电动机。

图 2-5 电动油泵站原理图

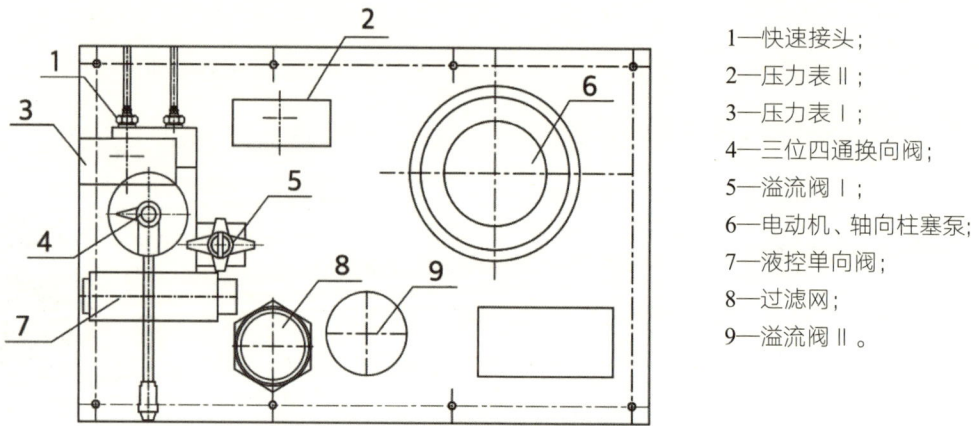

1—快速接头；
2—压力表Ⅱ；
3—压力表Ⅰ；
4—三位四通换向阀；
5—溢流阀Ⅰ；
6—电动机、轴向柱塞泵；
7—液控单向阀；
8—过滤网；
9—溢流阀Ⅱ。

图 2-6 电动油泵站机构俯视图

⑦间断作业时，可关闭动力源，避免不必要的磨损和发热。

⑧设备使用的工作油为抗磨液压油，须经钢丝网过滤后才能使用。可以通过液位计观察油位高度，若泵站工作前发现液面低于液位计最高位置，则必须补油，补充的油从箱盖上的注油螺孔中注入。注油螺塞平时旋松，在运送过程中必须旋紧，以防漏油。

⑨设备工作时，油温不得超过 50℃，油温升高时应采取冷却措施。应根据使用情况，定期检查、更换工作油。注意各零件的清洁是保证设备质量和提高所有性能的关键。

（2）手动油泵。

图 2-7 为 WREN 手动油泵的构造和外观图，其操作方法和注意事项如下：

①操作前首先检查手动油泵储油缸内的油位，一般距进油口约 1 cm，如果有必要可加适量油，但要确认油未加满，以防止操作时油从进油口溢出。

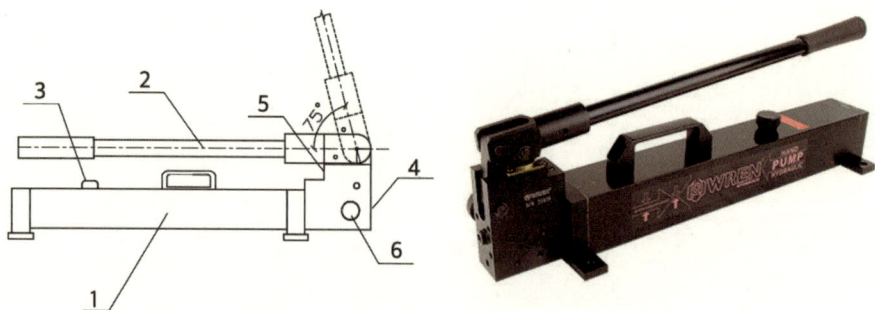

1—泵体；2—杠杆；3—进油阀；4—油压出口；5—最大压力调节阀；6—分流阀。

图 2-7 WREN 手动油泵

②检查出油口与油管是否连接可靠。

③加载时先将分流阀拧紧（顺时针），防止油从分流阀流出，然后将进油阀拧松（逆时针）。

④手握手柄转动杠杆向下施压，向千斤顶输送高压油。

⑤卸载时先松开分流阀（逆时针），再将进油阀拧紧（顺时针）。

⑥使用完毕时要检查手动油泵，如有漏油现象应及时处理。

2.3.2 电液伺服液压加载系统

电液伺服液压加载系统采用计算机系统，通过伺服阀控制液压加载器对试样加载，实现了加载方式、加载过程和加载负荷的自动控制，既可以完成单通道拟静力加载，又可以完成多通道协调加载。更高级的系统还可以实现多通道拟动力协调加载，而且加载过程更平稳，荷载保持精度更高，多通道协调加载的同步性更好，代表了加载系统的发展方向。

典型的电液伺服液压加载系统一般由电液伺服液压源（提供加载动力）、电液伺服作动器和计算机控制器三部分组成。

2.4 应变测量设备

2.4.1 手持式引伸仪

建筑结构在服役期间产生的变形，由于环境因素（如振动、潮湿、温度变化等）的影响，难以通过一般的应变仪进行准确测试。手持式引伸仪，结构简单、轻便、量程大，不受环境变化的影响，携带方便，因此特别适用于现场进行结构变形的测试。下面以 YB10 型手持式引伸仪为例进行介绍。

1. 结构原理

YB10 型手持式引伸仪是一种机械式应变测量仪器，其构造如图 2-8 所示。每台仪器附带有一个标准针距尺，该尺由精密低膨胀合金制成，其线膨胀系数为 $1.5×10^{-6}/°C$，所以当环境温度变化较大时，针距长度可以认为是不变化的，针距长度为 100 mm。每次测量前都必须先在标准针距尺上标读，然后在受试物上测读，比较两者之间的差数，即为所求变形量。应变值的计算公式如式（2-1）所示。

$$\varepsilon = \frac{\Delta l}{l} \times 10^6 \text{（微应变）} \qquad (2\text{-}1)$$

式中： Δl ——绝对变形量（mm）；

l ——粘贴在实验件上的固定小块在未受载时的实际基距（mm）。

通常情况下，l 是不与仪器的标准针距尺的基距完全相符的，但为了测试方便，可在粘贴固定小块时采用标准针距尺定距，这样便是标准针距尺的基距。

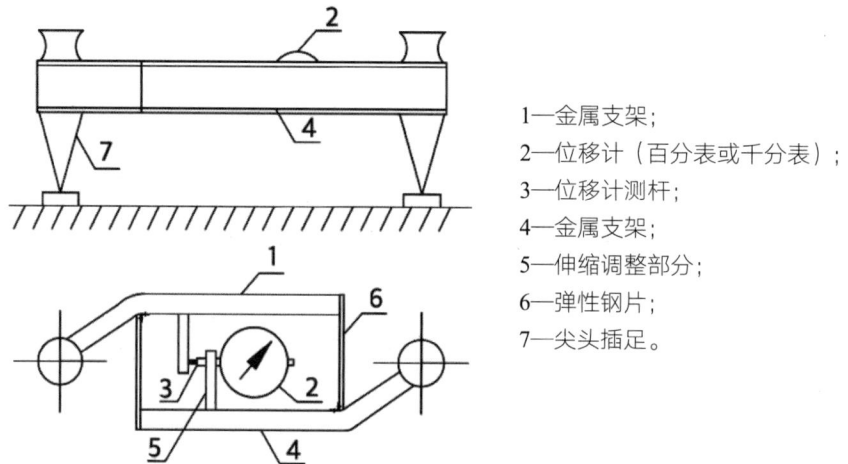

1—金属支架；
2—位移计（百分表或千分表）；
3—位移计测杆；
4—金属支架；
5—伸缩调整部分；
6—弹性钢片；
7—尖头插足。

图 2-8 手持式引伸仪构造图

2. 仪器构造

仪器由以下几个部分组成：金属支架、位移计、伸缩调整部分等。如图 2-8 所示，金属支架（1 和 4）借助于两个弹性钢片（6）相连接而构成一弹性系统，两金属支架可作纵向的平行移动，从而使安装固定在两金属支架上的尖头插足（7）的距离发生变化（增大或缩小）。位移计（2）安装在金属支架（1）上，本仪器上的位移计采用的是千分表，为了换表方便，支架上有一卡表架，只需松开卡表架上的螺钉，就可很方便地将位移计取下或安装上。

伸缩调整部分（5）安装固定在金属支架（4）上，位移计（2）的测杆末端始终保持同其中的偏心调整块相接触，当两尖头插足（7）之间的距离发生变化时（即两金属支架产生相互平行位移时），其变化量即可从位移计（2）上反映出来。

3. 操作规程和注意事项

①仪器适于测量静态变形，使用时不宜过分用力拉或压以及施加冲击力，以免位移计或连接弹性钢片受损。

②为了减少人为误差的影响，在测试过程中不宜更换测试操作者和调转测试方向。

③在使用仪器的过程中，切忌用手直接接触仪器的金属支架，而应握挂手柄，以减少人体温度造成的误差。

④测试时，应轻轻地将尖头插足插入预粘小块的孔洞之中，同时在加工制作此小块孔洞时，应保证其直径大小一致，满足真圆度的要求和与粘贴面垂直度的要求。

⑤测读时，由于仪器所处位置不易做到每次都完全一致，容易产生误差，因此每次测读应重复几次，待比较稳定一致时再记录读数。另外，也可以在仪器上增加一个固定支点，帮助稳定测量位置，减少误差。

2.4.2 应变电测系统

在工程结构实验中，结构因外部荷载或温度变化及约束条件等因素而产生应变。用电测法测量应变时，必须首先将应变转换成电量的变化，这种测量由应变引起的电量变化的方法称为应变电测法。在实验应力分析的多种分析方法中，应变电测法是应用最为广泛的一种，其主要有以下优点：

①电阻应变片尺寸小、质量轻，一般不会干扰构件的应力状态，安装（如粘贴）方便；

②测量灵敏度高，最小应变读数可达 10^{-6}（微应变，$\mu m/m$），常温静态应变测量精度可达 $1\% \sim 2\%$；

③测量应变量程大，一般为 $1\% \sim 2\%$（$10^4 \sim 2 \times 10^4$ $\mu m/m$），特殊的大应变电阻应变片可测量 $10\% \sim 25\%$（$10 \times 10^4 \sim 25 \times 10^4$ $\mu m/m$）应变量；

④常温箔式电阻应变片最小栅长为 0.2 mm，可测量应力集中处的应变分布，采用电阻应变片组成的应变花，可以测量构件在复杂受力情况下一点处的应变状态；

⑤频率响应快，可测量静态到 50 万 Hz 的动态应变；

⑥测量中，应变片的输出为电信号，采用电子仪器易实现测量过程自动化和远距离传送，测量数据可支持数字显示、自动采集、打印和计算机处理，也可利用无线电发射和接收方式进行遥测；

⑦可在高温、低温（$-269 \sim 1000\ ^\circ C$）、高压（几百兆帕）下，高速旋转（每分钟几万转）、强磁场和（或）核辐射等特殊环境中进行结构应力、应变的测量。

其主要缺点和限制有：

①应变电测法通常为逐点测量，不易得到构件的全域性应力－应变场（分布）；

②一般只能测量构件表面的应变，对于塑料、混凝土等可安装内埋式应变片的构件，才可测量其内部应变；

③电阻应变片所测应变值是其敏感栅覆盖面积内构件表面的平均应变，对于应力梯度很大的构件表面或应力集中的情况应选用栅长很小（如栅长为 0.2 ~ 1 mm）的电阻应变片，否则测量误差很大；

④由于黏合剂的不稳定性和对周围环境的敏感性，连续长时间测量会出现漂移；

⑤电阻应变片必须牢固地粘贴在试件表面，才能保证正确地传递试件的变形，这种粘贴工作技术性强，粘贴工艺复杂，工作量大；

⑥电阻应变片不能重复使用。

目前使用最多的变换元件是电阻应变片，与其配套的测量仪表是电阻应变仪，下面将重点介绍它们的原理和使用技术。

1. 电阻应变片

（1）电阻应变片的构造。

电阻应变片是应变电测设备的感应部分，不同用途的电阻应变片，其构造虽不完全相同，但都由敏感栅、基底、黏合剂、（覆）盖层、引线组成，其基本构造如图 2-9 所示，其外观如图 2-10 所示。

①敏感栅：是电阻应变片将应变转换成电阻变化量的敏感部分，是用金属或半导体材料制成的栅状体。敏感栅的形状与尺寸直接影响到电阻应变片的性能。

②基底和（覆）盖层：（覆）盖层起定位和保护电阻丝的作用，并使电阻丝和被测试件之间绝缘，基底的尺寸通常代表应变片的外表尺寸。

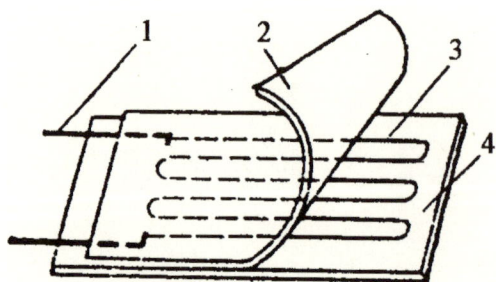

1—引线；2—（覆）盖层；3—敏感栅；4—基底。

图 2-9　电阻应变片构造图

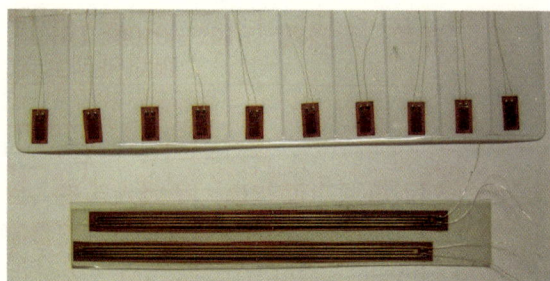

图 2-10　电阻应变片外观图

③黏合剂：是一种具有一定绝缘性能的黏结材料，用于将敏感栅固定在基底上，或用于将应变片的基底粘贴在试件的表面上。

④引线：通过测量导线接入应变测量电桥。引线一般由镀银、镀锡或镀合金的软铜线制成。在制造电阻应变片时应将引线与电阻丝焊接在一起。

（2）电阻应变片的工作原理。

电阻应变片的工作原理是电阻丝具有应变效应，即金属电阻丝受到拉伸或压缩变形时，电阻也将发生变化。实验结果表明，在弹性变形范围内，电阻丝的电阻变化率与应变成正比，如式（2-2）所示。

$$\frac{\Delta R}{R} = K_0 \varepsilon \tag{2-2}$$

式中：K_0——电阻单丝灵敏系数，一般可以认为 K_0 是常数。

将单根电阻丝牢固粘贴在构件的表面时，电阻丝将与构件有相同的变形，基于此，若能测出电阻丝的电阻变化率，便可求得电阻丝的应变，也就求得了构件在粘贴电阻丝处的应变。对于栅状电阻应变片或箔式电阻应变片，考虑到它们的结构已不再是单根丝，故用电阻片的灵敏系数 K 代替 K_0。电阻应变片的灵敏系数不但与电阻丝的材料有关，还与电阻丝的往复回绕形状、基底和黏结层等因素有关。灵敏系数一般由制造厂用实验方法测定，并在成品上标明。

（3）电阻应变片的技术指标。

电阻应变片的主要技术性能可通过下列指标进行表征与评价。

①应变片电阻阻值：一般有 120 Ω、350 Ω 等数种。

②灵敏系数 K：一般康铜丝箔 K 值在 2.00 ~ 2.20，使用时必须把电阻应变仪上的灵敏系数调节器调整至电阻应变片的灵敏系数值，否则应对其结果作修正。

③机械滞后：室温下的机械滞后 ≤ 8 μm/m。

④蠕变：室温下的蠕变 ≤ 10 μm/m，极限工作温度下的蠕变 ≤ 50 μm/m。

⑤纵、横应变效应系数：纵、横应变效应系数之比一般不超过 2%。

⑥灵敏系数的温度系数：工作范围内的平均变化不超过 ±3%/100℃。

⑦热输出：平均热输出系数 ≤ 4（μm/m）/℃。

⑧漂移：室温下的漂移 ≤ 5 μm/m，极限工作温度下的漂移 ≤ 50 μm/m。

⑨热滞后：每个工作温度下的热滞后 ≤ 50 μm/m。

⑩绝缘电阻：室温下的绝缘电阻 ≥ 1000 MΩ，极限温度下的绝缘电阻 > 10 MΩ。

⑪应变极限：室温下的应变极限 ≥ 8000 μm/m。

⑫疲劳寿命：室温下的疲劳寿命 ≥ 10^7 次。

⑬应变片标距 L：指应变片敏感栅的长度。

（4）电阻应变片的粘贴技术。

试件的应变是通过黏合剂传递给电阻应变片的丝栅的，因而粘贴质量将直接影响应变的测量结果。这就要求黏结层薄而均匀，无气泡，充分固化，既不产生蠕滑又不脱胶。电阻应变片的粘贴全由手工操作，要达到位置准确、粘贴可靠、防水防潮三大要求。电阻应变片的粘贴技术包括选片、选择黏合剂、粘贴和防水防潮处理等，其具体要求如下。

①电阻应变片的筛选：选择电阻应变片的规格和形式时，应注意到试件的材料性质和应力状态。在匀质材料（如钢材）上贴电阻应变片，一般选用普通型小标距电阻应变片；在非匀质材料（如混凝土）上贴电阻应变片，则选用大标距电阻应变片；在试件处于平面应变状态下贴电阻应变片应选用应变花。分选电阻应变片时，应逐片进行外观检查，电阻应变片丝栅应平直，片内无气泡、霉斑、锈点等缺陷，基底不能有局部破损，不合格的应剔除；然后用电桥逐片测定阻值并以阻值分成若干组。同一组电阻应变片的阻值偏差不应超过 0.5 Ω。

②选择黏合剂：黏合剂的类型应视电阻应变片基底材料和试件材料的不同而异。一般要求黏合剂具有足够的抗拉强度和抗剪强度，蠕变小和电气绝缘性能好。目前在匀质材料上粘贴电阻应变片常采用 502 胶；在混凝土等非匀质材料上贴应变片常用环氧树脂胶。

③测点表面处理：为使电阻应变片牢固地粘贴在试件上，应对测点表面进行处理，为贴电阻应变片而处理的面积应大于电阻应变片基底面积的三倍。处理时首先用磨光机或锉刀清除贴片处的漆层、油污、锈层等污垢，再用 0 号砂布在试件表面打出与电阻应变片轴线成 45° 的交叉纹路，然后在贴片前，用蘸有丙酮或酒精的药棉或纱布清洗试件的打磨部位，直至药棉或纱布上不见污渍为止。待丙酮或酒精挥发，表面干燥，方可进行贴片。

④电阻应变片粘贴：先在试件上沿贴片方位画出十字交叉标志线，在贴片时，再在试件表面的定向标记处和电阻应变片基底上，分别涂一层均匀胶层，用手指捏住（或镊子钳住）电阻应变片的引线，待胶层发黏时迅速将电阻应变片放置于试件上，且使电阻应变片基准线对准刻于试件上的标志线。盖上一块聚乙烯薄膜（或玻璃纸），用拇指在电阻应变片上朝一个方向滚压，手感由轻到重，挤出气泡和多余的胶水，保证黏结层尽可能薄而均匀，且避免电阻应变片滑动

或转动。必要时加压 1 ~ 2 分钟，使电阻应变片粘牢。经过适宜的干燥时间后，轻轻揭去薄膜，观察粘贴情况，如在敏感栅部位有气泡，应将电阻应变片铲除，重新清理重新贴片，如敏感栅部位粘牢，只是基底边缘翘起，则只要在这些局部补充粘贴即可。在混凝土或砌体等表面贴片时，一般应先用环氧树脂胶作找平层，待胶层完全固化后，再用砂纸打磨、擦洗，待表面平整干净后方可贴片。电阻应变片粘贴后要待黏合剂完全固化后才可使用，黏合剂固化前，应将电阻应变片引线拉起，使它不与试件接触。

⑤导线的连接与固定：连接电阻应变片和电阻应变仪的导线，一般可用聚氯乙烯双芯多股铜导线或丝包漆包线。导线与应变片引线的连接最好用接线端子片作为过渡，接线端子片用 502 胶水固定于试件上，导线头和接线端子片上的铜箔都预先挂锡，然后将电阻应变片引线和导线焊接在端子片上。也可把电阻应变片引线直接缠绕在导线上，然后上锡焊接，并在焊锡头与试件之间用涤纶绝缘胶带隔开。不论用何种方法连接都不能出现"虚焊"。最后，用压线片和胶布将导线固定在试件上。

⑥电阻应变片的粘贴质量检查：用兆欧表测量电阻应变片的绝缘电阻，观察电阻应变片的零点漂移，漂移值小于 $5\mu\varepsilon$（3 分钟之内）为合格；将电阻应变片接入电阻应变仪，检查其工作的稳定性。若电阻应变片的漂移值过大，工作的稳定性差，则应铲除重贴。

⑦防水和防潮处理：粘贴好的电阻应变片，如长期暴露于空气中，会因受潮而降低黏结牢度，减小绝缘电阻，严重的会造成电阻应变片剥离脱落。因此应敷设防潮保护层。防潮措施必须在检查电阻应变片质量合格后立即进行。一种简便的防潮方法是用松香石蜡或凡士林涂于电阻应变片表面，使电阻应变片与空气隔离，达到防潮目的。防水处理一般采用环氧树脂胶。

2. 电阻应变仪

1）电阻应变仪的原理

电阻应变仪是把应变电测系统中放大与指示（记录、显示）部分组合在一起的测量仪器，主要由振荡器、测量电路、放大器、相敏检波器和电源等部分组成，把电阻应变片输出的信号进行转换、放大、检波并进行指示或记录。

电阻应变仪的测量电路，一般采用惠斯登电桥，把电阻变化转换为电压或电流输出，并解决温度补偿等问题。电桥由四个电阻组成，如图 2-11 所示，图中四个桥臂 AB、BC、CD 和 DA 的电阻分别为 R_1、R_2、R_3 和 R_4。在对角节点 A、C 上接电压为 E 的直流电源后，另一对角节点 B、D 为电桥输出端，输出端电压为 U_{BD}，U_{BD} 的计算表达式如式（2-3）所示。

$$U_{BD}=U_{AB}-U_{AD}=I_1R_1-I_4R_4 \tag{2-3}$$

由欧姆定律可得出式（2-4）。

$$E=I_1(R_1+R_2)=I_4(R_4+R_3) \tag{2-4}$$

综上，可得出式（2-5）

$$I_1=\frac{E}{R_1+R_2}, \; I_4=\frac{E}{R_4+R_3} \tag{2-5}$$

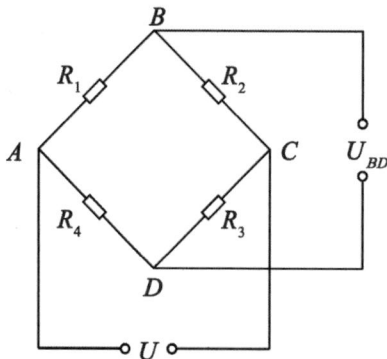

图 2-11 惠斯登电桥示意图

将式（2-5）代入式（2-3）经整理后得出式（2-6）。

$$U_{BD}=E\frac{R_1R_3-R_2R_4}{(R_1+R_2)(R_3+R_4)} \tag{2-6}$$

当电桥平衡时，$U_{BD}=0$，于是由上式得电桥的平衡条件，即式（2-7）。

$$R_1 \cdot R_3 = R_2 \cdot R_4 \tag{2-7}$$

若电桥的四个臂为粘贴在构件上的四个电阻应变片，其初始电阻都相等，即 $R_1=R_2=R_3=R_4=R$，且在构件受力前电桥保持平衡，即 $U_{BD}=0$。

①全桥电路。

全桥电路由四个工作片组成，构件受力后，各电阻应变片的电阻改变，变化量分别为 ΔR_1、ΔR_2、ΔR_3 和 ΔR_4，则由式（2-6）得出电桥输出端电压 ΔU_{BD} 的计算公式，即式（2-8）。

$$\Delta U_{BD}=E\frac{(R_1+\Delta R_1)(R_3+\Delta R_3)-(R_2+\Delta R_2)(R_4+\Delta R_4)}{(R_1+\Delta R_1+R_2+\Delta R_2)(R_3+\Delta R_3+R_4+\Delta R_4)} \tag{2-8}$$

简化上式时，略去 ΔR_i (i=1，2，3，4) 的高次项，可得到式（2-9）。

$$\Delta U_{BD} = \frac{E}{4}\left(\frac{\Delta R_1}{R} - \frac{\Delta R_2}{R} + \frac{\Delta R_3}{R} - \frac{\Delta R_4}{R}\right) \tag{2-9}$$

由式（2-2），上式可写成式（2-10）。

$$\Delta U_{BD} = \frac{E}{4}K(\varepsilon_1 - \varepsilon_2 + \varepsilon_3 - \varepsilon_4) \tag{2-10}$$

上式表明，由电阻应变片感应到的 $(\varepsilon_1 - \varepsilon_2 + \varepsilon_3 - \varepsilon_4)$，通过电桥可以线性地转变为电压的变化 ΔU_{BD}。只要对这个电压的变化量进行标定，就可用仪表指示出所测量的 $(\varepsilon_1 - \varepsilon_2 + \varepsilon_3 - \varepsilon_4)$。

②半桥电路。

半桥电路由两个工作片和两个固定电阻组成，当为半桥测量时，R_3 和 R_4 不产生应变，即 $\varepsilon_3 = \varepsilon_4 = 0$，式（2-10）即变为式（2-11）。

$$\Delta U_{BD} = \frac{E}{4}K(\varepsilon_1 - \varepsilon_2) \tag{2-11}$$

③ 1/4 桥电路。

1/4 桥电路常用于测量应力场里的单个应变，即用一个工作片测量应变，必须用另一个补偿应变片来进行温度补偿，这种接线方式对输出信号没有放大作用。

电阻应变仪通过电桥把电阻应变片感应到的应变转变为电压（或电流）信号。由于这一信号非常微弱，所以要进行放大，然后把放大了的信号用应变表示出来。这就是电阻应变仪的工作原理。电阻应变仪按测量应变的频率可分为静态电阻应变仪、静动态电阻应变仪、动态电阻应变仪和超动态电阻应变仪。

2）静态电阻应变仪的使用方法

下面以国产 uT7121Y 型静态电阻应变仪为例来介绍静态电阻应变仪的构造和使用方法。

uT7121Y 型静态电阻应变仪是一种内置 ARM7 CPU 、使用触摸屏进行控制的能将工程应用与教学相结合的静态电阻应变仪。它可独立进行测试，也可以直接通过 uT71USB 485 模块与计算机 USB 进行通信，构成适合在实验室、工程测量等各种应变、应力测试领域广泛应用的高速数据采集处理系统。该仪器具有 21 个测点，且内置了由精密低温漂电阻组成的内半桥。它同时又提供了公共补偿片的接线端子，故每个测点都可通过不同的组桥方式组成全桥、半桥、1/4 桥（公共补偿片）的形式，只需按桥路形式连接示意图连接应变片，并将"测点参数设置"中的"连接形式"一栏设为相应的桥路形式即可。仪器还可连接应变式传感器测量力、位移等物理量，连接热电偶进行温度测量。为了适应工业现场的供电要求，该仪器采用交直流供电方式。直流供电可方便在室外由蓄电池电源供电。

（1）功能面板。

图 2-12 所示为 uT7121Y 型静态电阻应变仪（以下简称静态应变仪）的功能面板，各部分功能如下：

①电源、接插件：包括电源开关、电源指示灯、八芯航空插座输入和扩展输出通信电缆接口、地线接线端等。

②测点接线端子：测点端子（1 ～ 21）共 21 个测量点，按照桥路连接示意图连接应变片组桥。其中 A、C 为 2 V 桥压端，B、D 为信号输入端，最后一个端子为这 21 个测量点的公共补偿片端子。

③液晶面板：主要功能（菜单）包括片阻、线阻、泊松比、灵敏度、限值、通道设置、平衡、检测、系统设置、时钟、关于、数据回放。窗口下部包括菜单、采集、停止。

（2）使用方法。

①连接设备。

将本系统中的各个设备连接起来，并将连接接口插紧，以防止其在工作过程中松脱。将需要测量的信号连接到静态应变仪上，注意接线方式。

②打开电源。

打开静态应变仪的电源，将每个液晶点亮。

③参数设置。

设备开机后在液晶屏点击任意按键，将进入本设备的系统主界面。此界面中，窗口上部显

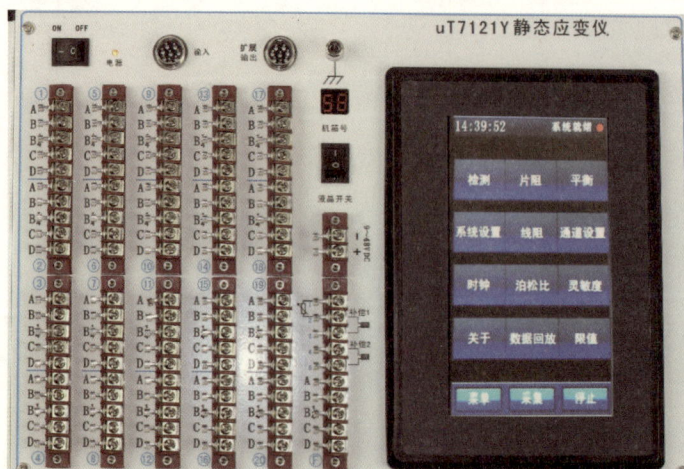

图 2-12　uT7121Y 型静态电阻应变仪的功能面板

示当前设备时间；"系统就绪"表示系统工作正常；右上角圆点为红色时表示现在系统处于停止采集状态；圆点为黄色时表示现在系统处于采集状态；圆点为绿色时表示现在系统处于存储状态。

a. 设置桥路电阻。

点击"片阻""线阻"按键并根据电阻应变片和导线的阻值输入相应的数值。

b. 设置灵敏度系数 K。

点击"灵敏度"按键，并对照电阻应变片灵敏度系数（由电阻应变片生产厂提供）输入相应的数值。例如：电阻应变片灵敏系数 $K=2.08$。

c. 通道设置。

"通道设置"用于对通道进行传感器选择、校正因子设置和桥接方式、单位的选择设置。

• 点击"通道设置"按键，弹出图 2-13（a）所示界面，在此界面下可选择相应的传感器，点击"应变""电压""力传感器""位移传感器"进入相应的传感器设置界面。至少选择一个通道，点击"应变"，则进入应变的"桥接方式"界面。"桥接方式"用于设置通道的每一种桥路，通过确定电阻应变片的连接方式，可以在测试过程中直接计算出应变大小。点击"桥接方式"按键，弹出图 2-13（b）所示界面：首先点选桥路（包括全桥、半桥、1/4 桥），然后选择电阻应变片连接方式。在通道选择"应变"类型后，其相应通道的单位就默认为 με。

• 在"通道设置"界面点击传感器（包括电压、力传感器、位移传感器），则进入"传感器设置"界面，即图 2-13（c）所示界面：在"传感器设置"界面选择桥接方式和单位。如果已选择的通道的单位一致，则单位显示默认单位（力的单位 N，位移的单位 mm，电压的单位 V），点击"单位"即返回到上级菜单。在"采集"界面，通过查看单位基本就可以得出通道类型。

• 在"传感器设置"界面，点击"校正因子"显示框，设置校正因子：传感器的校正因子（μV/工程单位）可设置的范围在 0.0001 ~ 999999。

其计算方法举例如下。

例如：某力传感器最大测力为 6864.655 N，灵敏度为 2 mV/V。由于桥压为 2 V，因此 2 V 桥压工作输出的最大力信号为 4 mV（4000 μV）。

校正因子 = 4000 μV/6864.655 N≈0.5827 μV / N。

将如上校正因子输入后，点击确认即可保存，并返回上级菜单。

• 点击"平衡"按键，弹出图 2-13（d）所示界面：

当测点为"√"表示已经选择，当测点为"□"表示没有选择，平衡时，只平衡标有"√"的测点。点击该测点在"√"和"□"之间切换，或者"全选"，然后点击"平衡"。平衡过程非常快，将内存中前一次采集的原始数据作为不平衡量保存后，平衡即结束。以上操作在停止采集状态下进行。

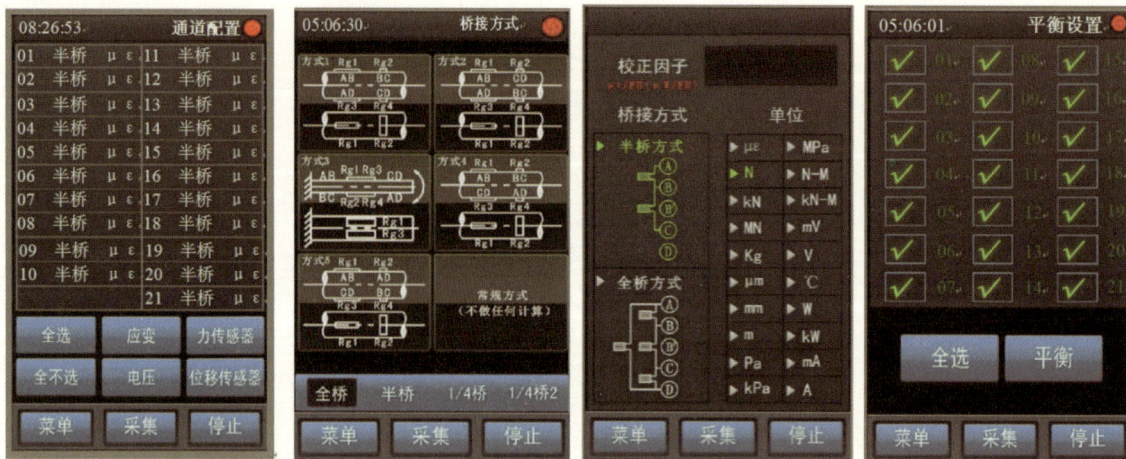

（a）通道设置界面　　（b）桥接方式设置界面　　（c）传感器设置界面　　（d）平衡界面

图 2-13　uT7121Y 型静态应变仪主要界面

（3）注意事项。

①应采用相同的电阻应变片来构成应变桥，以使电阻应变片具有相同的应变系数和温度系数。

②补偿片应贴在与被测构件材质相同的补偿块或构件无应力区域上，且与测量片处于同一温度场中。

③测量片和补偿片应不受强阳光曝晒、高温辐射和空气剧烈流动的影响。

④电阻应变片对地绝缘电阻应在 100 MΩ 以上，所用导线（包括补偿片）的长度、截面积都应相同，导线的绝缘电阻也应在 100 MΩ 以上。

⑤保证线头与接线柱的连接质量，若接触电阻或导线变形引起桥臂改变万分之一（10 mΩ）将引起 50 με 的读数变化，所以在测量时不要移动电缆。

⑥仪器应尽可能远离强磁场，尽可能用双绞线连接应变片。

2.5 位移测量设备

机械百分表（千分表）是测量位移的仪表，利用齿轮放大原理制成，其构造如图 2-14 所示。其基本原理为测杆上、下移动时，通过齿轮传动，带动指针转动来将测杆轴线方向的位移量转变为百分表（千分表）的读数。在机械百分表（千分表）工作时将测杆的测头紧靠在被测量的物体上，这样物体的变形将引起测头的上下移动，测杆上的平齿便推动小齿轮以及和它同轴的大齿轮共同转动，大齿轮带动指针齿轮，于是大指针相随转动。百分表的表盘圆周被等分成 100 个小格（千分表被等分成 1000 个小格），百分表指针每转动一圈为 1 mm，每格代表 1/100 mm（在千分表上每格代表 1/1000 mm）。大指针转动的圈数可由量程指针予以记录，百分表的量程一般为 5 ～ 10 mm，千分表则为 3 mm 左右。

安装百分表（千分表）时应注意三点：一是百分表（千分表）测杆的方向（亦即测头的位移方向）应与被测点的位移方向一致，这样才能真实地测出被测物体的变形量，否则，测量的结果仅是该变形量在测量方向上的分量；二是安装百分表（千分表）时应选取适当的预压缩量，以确保测杆有上、下活动量，不能将测杆放到量程的极限值上；三是测量前应转动刻度盘使指针对准零点。百分表（千分表）通常被固定于万用表座上，如图 2-15 所示，被置于相对固定点；或用其他专门夹具固定它，夹具的刚度应足够，固定后不得有任何的弹性变形或位移产生，且夹紧程度要适当，不能有妨碍仪表工作的情况发生。

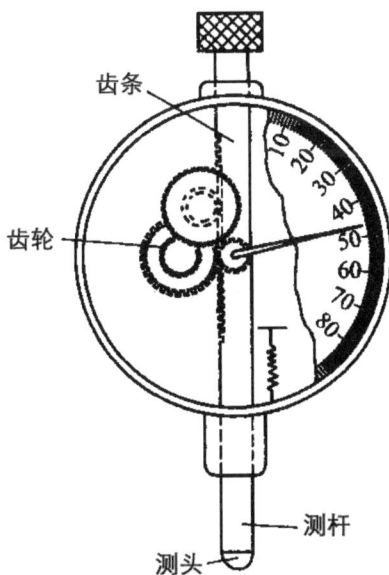

图 2-14 机械百分表（千分表）构造图

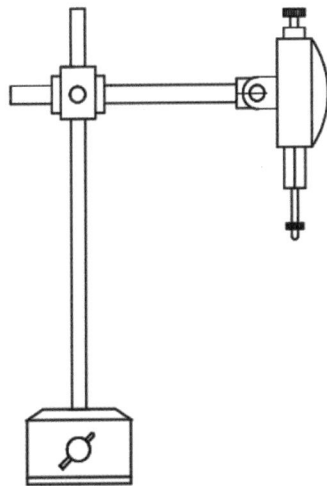

图 2-15 万用表座

2.6 荷载测量设备

结构静载实验需要测定的力，主要是荷载与支座反力，还有预应力施力过程中钢丝或钢绳的张力，以及风压、油压和土压力等。根据荷载性质的不同，力传感器有三种形式，即拉伸型、压缩型和通用型。各种力传感器的外形相同，其构造如图 2-16 所示。它是一个厚壁筒，壁筒的横截面取决于材料允许的最大应力。在壁筒上贴有电阻应变片以便将机械变形转换为电量。为避免在储存、运输和实验期间损坏电阻应变片，为其设外罩加以保护。为了便于与设备或试件连接，可在筒壁两端加工螺纹。力传感器的负荷能力最高可达 1000 kN。

若按图 2-16 所示，在筒壁的轴向和横向上布置电阻应变片，并按全桥接入电阻应变仪电桥，根据桥路输出特性可得式（2-12）。

$$\Delta U_{BD} = \frac{E}{4} K\varepsilon \cdot 2(1+v) \qquad (2\text{-}12)$$

式中：$2(1+v) = A$，A 为电桥桥臂输出放大系数，以提高其测量灵敏度。

力传感器的灵敏度可表示为每单位荷重下的应变，因此灵敏度与设计的最大应力成正比，与力传感器的最大负荷能力成反比。因而对于一个给定的设计荷载和设计应力，传感器的最佳灵敏度由电桥桥臂输出放大系数 A 的最大值和 E 的最小值来确定。

力传感器的构造极为简单，可根据实际需要自行设计和制作力传感器。但要注意，必须选用力学性能稳定的材料制作筒壁、选择稳定性好的应变片及黏合剂。在传感器投入使用后，应当定期标定以检查其荷载 – 应变的线性性能和标定常数。典型的力传感器外形如图 2-17 所示。

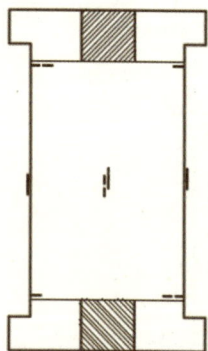

图 2-16 力传感器构造图

图 2-17 力传感器外形图

2.7 裂缝测宽设备

2.7.1 裂缝测宽的原理

钢筋混凝土结构实验中裂缝的产生和开展，是结构反应的重要特征，对确定开裂荷载、研究破坏过程和预应力结构的抗裂及变形性能等都十分重要。

目前通常用于发现裂缝的简便方法是借助放大镜用肉眼观察，在实验前将纯石灰水溶液均匀地刷在结构表面并待其干燥，然后画出方格网，以构成基本参考坐标系，便于分析和描绘墙体在高应变场中的裂缝开展和走向。可用白灰涂层，该方法具有效果好、价格低廉和使用技术要求不高等优点。待试件受外载后，用印有不同裂缝宽度的裂缝宽度检验卡（图2-18）上的线条与裂缝对比来估计裂缝的宽度。

对于要求较高的抗裂实验，还可以采用如下新技术测试。

①脆漆涂层。脆漆涂层是一种喷漆，在一定拉应变下便开裂，涂层的开裂方向正交于主应变方向，从而可以确定试件的主应力方向。脆漆涂层有很多优点，可用于任何类型结构的表面，而不受结构的材料、形状及加荷方向的限制，但脆漆涂层的开裂强度与拉应变密切相关，只有当试件开裂应变小于涂层最小自然开裂应变时脆漆涂层才能用来检测混凝土的裂缝。

（单位以毫米计）

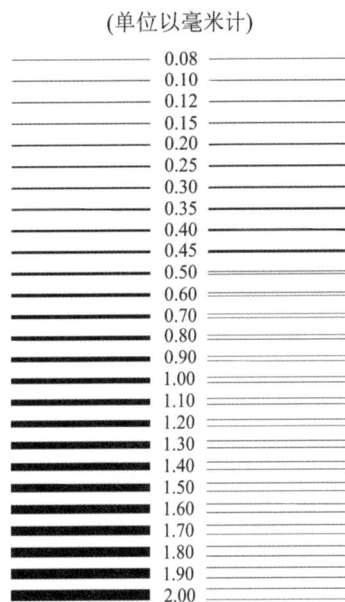

图 2-18 裂缝宽度检验

②声发射技术。这种方法是将声发射传感器埋入试件内部或放置于混凝土试件表面，利用试件材料开裂时发出的声音来检测裂缝的出现。这种方法在断裂力学实验和机械工程中得到广泛应用。

③光弹贴片。光弹贴片是在试件表面牢固地粘贴一层薄光弹片，当试件受力后，光弹片与试件共同变形，并产生相应的应力。若以偏振光照射试件，由于试件表面事先已被加工磨光，具有良好的反光性（加银粉可增强其反光能力），因而光在穿过透明的薄光弹片后，经过试件表面反射，再次通过薄片而射出，此时若将此射出的光经过分析镜，可在屏幕上得到应力条纹，根据应力条纹的变化即可得到裂缝的相关参数。

④读数显微镜观测法。读数显微镜包括两部分：由物镜、目镜、刻度分划板组成的光学系

统和由读数鼓轮、微调螺丝组成的机械系统。试件表面的裂缝，经物镜在刻度分划板上成像，然后经过目镜进入人眼。

⑤裂缝观测仪观测法。裂缝观测仪由带刻度线的显示屏、显微测量头、连接电缆和校验刻度板组成。显示屏与测量头之间通过连接电缆相连，构成放大显示系统，由此可在显示屏上对放大的裂缝宽度进行读数。这种方法是目前应用最广泛的裂缝观测方法。

2.7.2 裂缝观测仪的构造和使用方法

下面以 ZBL-F101 型表面裂缝宽度观测仪（图 2-19）为例介绍裂缝观测仪的构造（图 2-20）和使用方法。ZBL-F101 型表面裂缝宽度观测仪由带刻度线的 LCD 显示屏、显微测量头、VPS 连接电缆和校验刻度板组成。显示屏与测量头之间通过连接电缆相连，构成 25 倍的放大显示系统。该仪器测量范围为 0.02 ~ 2.0 mm，估算精度为 0.02 mm。其使用方法和注意事项如下。

①使用前先用测量仪测量校验刻度板上的刻度线，校验放大倍数是否正常。校验时将测量头的两尖脚对准校验刻度板上下边缘的两条基准线，即可在屏幕上看到标准刻度线，再调整测量头的位置，使放大后标准刻度线的图像与屏幕上的刻度线重合，若误差不超过 0.02 mm，则仪器放大倍数属于正常范围，可以正常使用。

②使用观测仪时将测量的两尖脚紧靠被测裂缝，即可在 LCD 显示屏上看到被放大的裂缝，再微调测量头的位置，使裂缝尽量与刻度基线垂直，此时可根据裂缝所占刻度线的多少判读出裂缝的宽度。注意测量时观测方向应尽可能与显示屏垂直。

③连接显示屏与测量头时，应将电缆插头上的箭头标志朝上插入插头，若插入不畅，可左右旋转插头，切勿用力过猛，以免损坏插针。

④仪器出厂前都经过严格校验，一般无须自行调节显微测量头。当放大后的 1 mm 图像与屏幕 1 mm 刻度的误差超过 0.02 mm 时，应将仪器送厂家校验。

⑤显微测量头部分只能用橡皮吹气球或软毛刷进行清洁。若长期不用，务必取出电池。

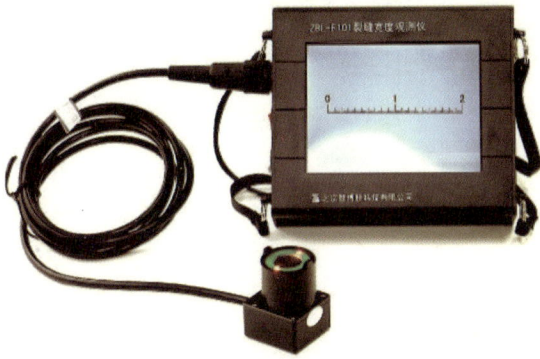

图 2-19　裂缝观测仪外形

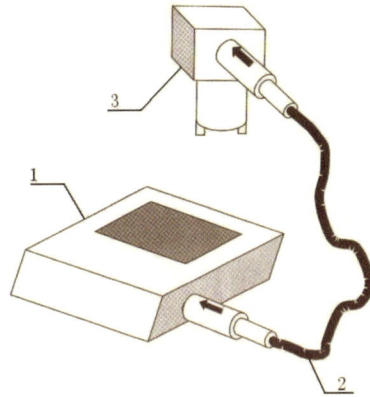

1—LCD 显示屏；2—VPS 连接电缆；3—显微测量头。

图 2-20　裂缝观测仪构造

3

结构静载实验程序和方法

3.1 实验准备工作

3.1.1 调查研究、收集资料

实验准备阶段的首要任务是掌握信息，这就需要进行调查研究，收集资料，充分了解本项实验的任务和技术指标。在此基础上，明确实验目标与研究目的，进而确定实验的性质和规模，实验的形式、数量和种类，正确地进行实验设计。

3.1.2 实验大纲的制定

实验大纲是在取得了调查研究成果的基础上，为使实验有条不紊地进行，取得预期效果而制定的纲领性文件。其内容一般包括以下几个方面。

①概述：简要介绍调查研究的情况，提出实验的依据及实验的目的、意义与要求等。必要时，还应有理论分析和计算。

②试件的设计及制作要求：包括设计依据及理论分析和计算，试件的规格和数量，制作施工图及对原材料、施工工艺的要求等。

③试件安装与就位：包括就位的形式（正位、卧位和反位）、支承装置、边界条件模拟、保证侧向稳定的措施和安装就位的方法及机具等。

④加载方法与设备：包括荷载种类和数量、加载设备装置、荷载图式及加载制度等。

⑤测量方法和内容：主要说明观测项目、测点布置，测量仪表的选择、标定、安装方法及编号图、测量顺序规定和补偿仪表的设置等。

⑥辅助实验：结构实验往往要做一些辅助实验，如材料性质实验和某些探索性小试件和小模型、节点实验等。本项应列出实验内容，阐明实验目的、实验要求、实验种类、实验个数、实验尺寸、制作要求和实验方法等。

⑦安全措施：包括人身和设备、仪表等方面的安全防护措施。

⑧实验进度计划。

⑨实验组织管理：一个实验，特别是大型实验，参与人数多，牵涉面广，必须严密组织，加强管理，包括技术档案资料和原始记录管理、人员组织和分工、任务落实、工作检查、指挥调度以及必要的交底和培训工作。

⑩附录：包括所需器材、仪表、设备及经费清单，观测记录表格，加载设备、测量仪表和

标定结果报告和其他必要文件、规定等。记录表格的设计应使其记录内容全面，方便使用；其内容除了记录观测数据，还应有测点编号、仪表编号、实验时间、记录人签名等栏目。

总之，整个实验的准备必须充分，规划必须细致、全面。每项工作及每个步骤必须十分明确。切忌盲目追求实验次数多、仪表数量多、观测内容多，以及不切实际地提高测量精度等做法，以免造成资源浪费，甚至导致实验失败或发生安全事故。

3.1.3 试件准备

实验的对象不一定是研究任务中的具体结构或构件。根据实验的目的与要求，它可能经过一定程度的简化，可能是模型，也可能是局部构件（如节点或杆件），但无论采用何种形式，均应根据实验目的与有关理论，按实验大纲规定进行设计与制作。

在设计制作试件时应考虑到试件安装和加载测量的需要，在试件上进行必要的构造处理。例如，钢筋混凝土试件支承点预埋钢垫板、局部截面加强及加设分布筋等；同时，平面结构的侧向稳定支承点配件安装、倾斜面上加载面的凸肩增设以及吊环的安装等，都不要疏漏。

试件制作，必须严格按照相应的施工规范进行，并作详细记录。按要求留足材料力学性能实验试件，并及时编号。在实验之前，应对试件进行仔细检查、测量，包括各部分实际尺寸、构造细节、施工质量、存在的缺陷（如混凝土的蜂窝麻面、裂纹等）。同时，还需评估结构的变形和安装质量，并仔细检查钢筋位置、保护层的厚度和钢筋的锈蚀情况等。这些因素都将对实验结果有重要影响，应对其进行详细记录并存档。

在完成检查与评估之后，对试件进行表面处理，包括清除或修复一些有碍实验观测的缺陷，如在钢筋混凝土表面进行刷白和分区画格。刷白旨在便于观测裂缝；分区画格则有助于对荷载与测点进行准确定位，从而准确记录裂缝的发生和开展过程以及描述试件的破坏形态。观测裂缝的分区尺寸一般取 10 ~ 30 cm，必要时也可缩小。

此外，为方便操作，此阶段还应完成部分测点的布置和处理工作，如固定手持式引伸仪脚标、粘贴电阻应变片并进行接线等。

3.1.4 材料物理力学性能测定

结构材料的物理力学性能指标，对结构性能有直接的影响，是结构计算的重要依据。实验中的荷载分级，实验结构的承载能力和工作状况的判断与估计，实验后数据处理与分析等都需要在正式实验之前，对结构材料的实际物理力学性能进行测定。

测定的项目，通常有强度、变形性能、弹性模量、泊松比、应力-应变曲线等。测定的方法有直接测定法和间接测定法。直接测定法是对在制作结构或构件时留下的小试件，按有关标准方法在材料试验机上进行测定。间接测定法，通常采用非破损实验法，即用专门仪器对结构或构件进行实验，测定与材料性能有关的物理量，从而推算出材料性质参数，而无须破坏结构或构件。目前一般多采用直接测定法。

3.1.5 实验设备与实验场地的准备

对实验计划应用的加载设备和测量仪表，实验之前应进行检查、修整和必要的率定，以保证达到实验的使用要求。率定必须有报告，以供资料整理或在使用过程中修正。

对实验场地，在试件进场之前应加以清理和安排，确保水、电供应及交通畅通。同时，应提前准备好实验中所需的防风、防雨和防晒设施，以避免对荷载施加过程和测量结果造成干扰。

3.1.6 试件安装就位

按照实验大纲的规定和试件设计要求，在各项准备工作就绪后即可将试件安装就位。保证试件在整个实验过程中都能按预定的模拟条件运行，避免因安装不当而产生附加应力或发生安全事故，这是安装过程中的核心问题。

简支结构的两支点应在同一水平面上，高差不宜超过实验跨度的1/200。试件、支座、支墩和台座之间应密合稳固，为此常采用砂浆作接缝处理。超静定结构，包括四边支承板的和四角支承板的各支座应保持均匀接触，最好采用可调支座。若使用测力计测定支座反力，应将其调节至该支座所承受的试件重量为止，也可采用砂浆坐浆或湿砂调节。安装扭转试件时，应注意扭转中心与支座转动中心保持一致，可用钢垫板等加垫调节。对于嵌固支承，应上紧夹具，确保无任何松动或滑移可能。在卧位实验中，应将试件平放在水平滚轴或平车上，以减少实验时试件水平位移的摩阻力，同时防止试件侧向下挠。吊装试件时，平面结构应防止平面外弯曲、扭曲等变形发生；细长杆件的吊点应适当加密，避免弯曲过大；钢筋混凝土结构在吊装就位过程中，应保证不产生裂缝，尤其是抗裂实验结构，必要时应附加夹具以提高试件刚度。

3.1.7 加载设备和测量仪表安装

加载设备的安装，应根据加载设备的特点按照大纲设计的要求进行。有的加载设备需要在试件就位的同时安装，如支承机构；有的加载设备则在加载阶段安装。大多数加载设备在试件就位后安装。安装时应确保设备固定牢固，以保证荷载模拟正确和实验安全。

仪表安装位置按观测设计确定。安装后应及时把仪表编号、测点编号、安装位置和连接仪器的通道编号一并记入记录表中。若调试过程中有变更，应及时更新记录内容，以防混淆。对接触式仪表，还应有保护措施，例如加装悬挂装置，以防发生振动时仪表掉落损坏。

3.2 实验观测方案的制定

观测方案是根据受力结构的变形特征和控制截面上的变形参数来制定的，因此要预先估算出结构在实验荷载作用下的受力性能和可能发生的破坏形状。观测方案的主要内容包括：确定观察和测量的项目、选择测量区段（略）和布置测点位置等。

3.2.1 确定观察和测量的项目

结构在实验荷载作用下的变形可分为两类：一类是反映结构整体工作状况的变形，如构件的挠度、转角、支座偏移等；另一类是反映结构局部工作状况的变形，如构件的应变、裂缝、钢筋相对于混凝土的滑移等。

在确定实验的观测项目时，首先应考虑整体变形，因为结构的整体变形概括了结构整体工作性能。结构任何部位的异常变形或局部破坏都能在整体变形中得到反映。从中不仅可以了解结构的刚度变化，而且还可以区分结构的弹性和非弹性性质，因此结构整体变形是观察的重要项目之一。其次是局部变形测量，如钢筋混凝土结构中裂缝的出现可直接反映其抗裂性能，而控制截面上的应变大小和方向则能够验证设计是否合理、计算是否正确。在非破坏性实验中实测应变是推断结构应力状态和极限强度的主要指标。在结构处于弹塑性阶段时，应变、曲率、转角或位移的测量结果，又是判定结构延性的主要依据。

总的来说，实验本身能充分反映外部作用与结构变形的相互关系，但观测项目和测点布置必须满足分析和推断结构工作状态的需求。

3.2.2 测点布置

用仪器对结构或构件进行内力和变形等各种参数测量时，测点的布置必须遵循以下几项原则：

①在满足实验目的的前提下，测点宜少不宜多，以便使实验工作重点突出；

②测点的位置必须有代表性，便于分析和计算；

③为了保证测量数据的可靠性，应布置一定数量的校核性测点；

④测点的布置对实验工作的进行应该是方便的、安全的。

1. 整体变形测量的测点布置

结构的整体变形，主要有平面内的挠度和侧向的位移转角等。结构整体变形的测量，要视实验的目的和要求而定。如有时只需要测量结构控制截面上的最大挠度，有时则要求测量挠度变形曲线，对应于这两种情况的测点布置原则如下。

①任何构件的挠度或侧向位移，指的都是构件截面上中轴线上的变形。因而实验时挠度测点必须对准中轴线或在中轴线两侧对应位置上布置。

②构件的跨中最大挠度，指的是扣除实验过程中产生的支座沉降后的跨中挠度，因而梁式构件的挠度测点不得少于 3 个。实测跨中挠度为跨中位移量减去两个支座位移量的平均值；其他测点的挠度则根据具体位置扣除支座沉降的影响。

③测量梁式构件挠度曲线时，测点数目不得少于 5 个，即除在支座和跨中布置测点外，还应在 $L/4$ 跨处再增设两个测点。对于屋架和桁架等结构，测点应布置在下弦杆的跨中或最大挠度节点的位置上；当有侧向推力作用时，还应在跨度方向上的支座两端沿水平方向布置测点，以测量结构的水平位移。对于悬臂式结构构件，应在自由端和支座处布置测点，以测量自由端的位移、支座沉降及支座截面转动产生的角位移。对于柱、框架及足尺房屋结构等，一般应沿与主轴力成正交的两个方向布置测量仪表，以便测量截面两个方向的变形。

在实验过程中仪表应独立设置在固定的不动点上，防止与承力架、脚手架等相互影响，干扰变形的测量。结构或构件临近破坏前的极限变形发展很快，一般应采用自动跟踪和自动记录的仪器，以便得到荷载 – 变形曲线，反映结构工作的全貌。

2. 局部应变测量的测点布置

测量结构构件应变时，对于受弯构件，应先在弯矩最大的截面上沿高度布置测点，每个截面不宜少于 2 个测点；当需要测量结果分析沿截面高度的应力、应变分布规律和截面上中性轴的位置时，若截面上应力、应变不是呈直线规律分布，则布置的测点不宜少于 5 个，电阻应变片可采用等距离布置或外密里疏的布置形式。同时在受拉主筋上也应布置测点。对于轴心受压或轴心受拉构件，应在构件被测的截面两侧或四侧沿轴线方向相对布置测点，每个截面不应少于 2 个测点；当只布置 2 个测点时，测点应布置在截面尺寸较小的相对侧面上。对于偏心受压或偏心受拉构件，被测截面上测点不应少于 2 个；与轴心受压或轴心受拉构件相同，如需测量截面应力、应变分布规律，测点布置宜与受弯构件相同。对于双向受弯构件，应在构件被测截面边缘布置不少于 4 个测点。对于同时受剪力和弯矩作用的构件，当需要测量应力大小和方向及剪应力时，应布置 45° 或 60° 的平面三向应变花测点，主应力和剪应力可根据应变花测量的应变值，用应变分析法或应变图解法求得。对于纯扭构件，测点应布置在构件被测截面的两长边方向的侧面对应部位上，与扭转轴线成 45° 方向，测点数量应根据实验目的确定。布置应变测点时，有些结构可以利用结构的对称性进行，这样不仅可以节省电阻应变片，还减少了大量的测试工作和分析工作。

3. 结构构件的裂缝测量

结构构件的裂缝测量是混凝土结构实验所特有的。根据《混凝土结构设计标准（2024 年版）》（GB/T 50010—2010）的规定，裂缝控制等级为一级的结构构件是严格要求不出现裂缝的构件，在荷载短期效应组合下，受拉边缘混凝土不产生拉应力；裂缝控制等级为二级的结构构件，是一般要求不出现裂缝的构件，在荷载长期效应组合下，受拉边缘混凝土不应产生拉应力，在荷载短期效应组合下，受拉边缘混凝土的拉应力不应超过某一限值。由于受拉区混凝土的拉应力测定不易准确，且其抗拉极限强度离散性较大，因此抗裂实验应直接测定实验结构构件的开裂荷载值，即出现第一条裂缝时的荷载值，进而评价结构构件的抗裂性能。

垂直裂缝的观测位置应在结构构件的拉应力最大区段及薄弱环节，一般指弯矩最大处或截面尺寸变化处；斜裂缝的观测位置应在主拉应力最大区段，一般是在弯矩和剪力均较大的区段及截面宽度、高度等外尺寸改变处。

结构构件开裂后应立即对裂缝的发生及开展情况进行详细观测，应测量正常使用荷载作用下最大裂缝宽度值及各级荷载作用下的主要裂缝宽度、长度及裂缝间距和位置，并应在构件上标出，对破坏过程要进行详细记录。

为了较准确地确定裂缝宽度，在实验持荷时间结束时，一般应选三条目估较大的裂缝，然后用读数显微镜测量其宽度，取其中最大值为最大裂缝宽度。垂直裂缝的宽度应在结构构件的侧面对应于主筋高度处测量，通常应在下排钢筋水平处测量，而不应在构件底面测量；斜裂缝的宽度应在斜裂缝与箍筋或弯起钢筋交会处测量；对于无箍筋和弯起钢筋的构件，则应在斜裂缝最宽处测量。最大裂缝宽度应在使用状态短期实验荷载值下持荷 30 分钟后进行测量。实验完毕后，应根据试件上的裂缝状况绘出裂缝展开图。

3.3 实验荷载和加载方法

结构静载实验的荷载，按作用的形式分为集中荷载和均布荷载；按作用的方向分为垂直荷载、水平荷载和任意方向的荷载，包括单向作用和双向反复作用荷载等。根据实验目的的不同，要求实验时能正确地在试件上呈现上述荷载。

3.3.1 加载图式和等效荷载

实验荷载在实验结构构件上的布置形式（包括荷载类型和分布情况）称为加载图式。为了使实验结果与理论计算结果便于比较，加载图式应与理论计算简图一致，如计算简图为均布荷载，加载图式也应为均布荷载；计算简图为集中荷载，则加载图式也应按计算简图的集中荷载大小、数量及作用位置布置。如因条件限制而无法实现或为方便加载，也可根据实验的目的和要求，采用与计算简图等效的荷载图式。

等效荷载是指加在试件上，使试件产生的内力图形与计算简图相近，控制截面的内力值相等的荷载。采用等效荷载时必须注意，除控制截面的某个效应与理论计算荷载相同外，该截面的其他效应和非控制截面的效应则可能有差别，所以必须全面验算加载图式改变对实验结构构件产生的各种影响；必须特别注意结构构造条件是否会因最大内力区域的某些变化而影响承载性能。在实验加载时，由于结构构件的自重对实验控制截面的内力也会产生影响，可采用等效荷载的方法扣除结构自重的影响。

图 3-1（a）为某受弯简支梁受弯构件的设计内力图，该例子中，需要测定内力 M_{max} 和 V_{max}。因受加载条件的限制，无法用均布荷载施加至破坏，故只能采用集中荷载，若按图 3-1（b）—集中力二分点荷载加载形式，则 V_{max} 虽相同，但 M_{max} 不相等；采用图 3-1（c）所示的二集中力四分点荷载加载方法，结果二者均可相等；当采用图 3-1（d）所示的四集中力八分点荷载加载方法，效果则更趋近理论要求。集中荷载点越多，结果越接近理论计算简图。因此，该例子中，等效荷载应至少选取二集中力四分点荷载以上偶数集中荷载加载形式。

3.3.2 实验荷载的计算

1. 极限状态的定义和分类

极限状态是指结构或构件能够满足设计规定的某一功能要求的临界状态，超过这一状态，结构或构件便不再满足设计要求。《建筑结构可靠性设计统一标准》（GB 50068—2018）和《混

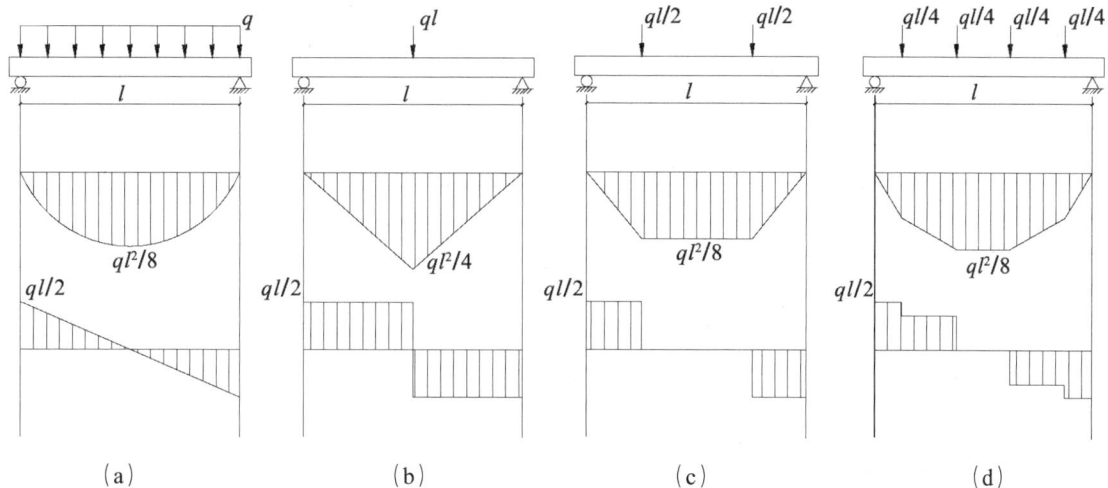

图 3-1 等效荷载示意图

凝土结构设计标准（2024年版）》（GB/T 50010—2010）均将结构功能的极限状态分为两大类。

①承载能力极限状态：这种极限状态对应于结构或构件达到最大承载力、出现疲劳破坏或不适于继续承载的变形。

②正常使用极限状态：这种极限状态对应于结构或构件达到正常使用或耐久性能的某项规定限值。

同时还规定结构构件应按不同的荷载效应组合设计值进行承载力计算及稳定、变形、抗裂和裂缝宽度验算。因此在进行混凝土结构实验前，应先确定对应于各种受力阶段的实验荷载值：

①当进行承载力极限状态实验时，应确定承载力的实验荷载值；

②对构件的刚度、裂缝宽度进行实验时，应确定正常使用极限状态的实验荷载值；

③当实验混凝土构件的抗裂性时，应确定构件的开裂实验荷载值。

2. 实验荷载的计算

由于研究性实验并不一定是针对某一具体工程的实际荷载进行的，因此没有给定的荷载值。这时应根据构件实测强度和构件的实际几何参数按式（3-1）进行计算。

$$S_u^c = R(f_c^0, f_s^0, a^0, \cdots) \tag{3-1}$$

式中：f_c^0, f_s^0, a^0 分别为混凝土抗压强度、钢材抗拉强度和截面几何尺寸的实测值。

控制截面上的正常使用极限状态短期效应计算值按式（3-2）计算。

$$S_s^c = \frac{R(f_c^0, f_s^0, a^0, \cdots)}{\gamma_0 \gamma_\mu [\gamma_u]} \qquad (3\text{-}2)$$

式中：γ_0——结构构件重要性系数；

$\quad\quad [\gamma_u]$——构件承载力检验系数允许值；

$\quad\quad \gamma_\mu$——荷载分项系数的平均值；

$\quad\quad \gamma_\mu$ 可采用式（3-3）计算。

$$\gamma_\mu = 1.5 - \frac{0.186}{\rho + 0.93} \qquad (3\text{-}3)$$

式中：ρ——可变荷载 Q 与永久荷载 G 的比值，应根据实验目的确定：

$\quad\quad$当 $\rho = \dfrac{Q}{G} = 0$ 时，$\gamma_\mu = 1.30$；

$\quad\quad$当 $\rho = \dfrac{Q}{G} = 0.5$ 时，$\gamma_\mu = 1.37$；

$\quad\quad$当 $\rho = \dfrac{Q}{G} = \infty$ 时，$\gamma_\mu = 1.50$。

最后根据控制截面上的效应计算值和加载图式，经等效换算求出正常使用极限状态下的实验荷载值。

开裂实验荷载计算值可根据开裂内力计算值和实验加载图式换算得出。正截面抗裂实验的开裂内力计算值按式（3-4）～式（3-6）计算：

①轴心受拉构件：

$$N_{cr}^c = (f_t^0 + \sigma_{pc}) A_0^0 \qquad (3\text{-}4)$$

②受弯构件：

$$M_{cr}^c = (\gamma f_t^0 + \sigma_{pc}) W_0^0 \qquad (3\text{-}5)$$

③偏心受拉和偏心受压构件：

$$N_{cr}^c = \frac{f_t^0 + \sigma_{pc}}{\dfrac{e_0}{W_0^0} \pm \dfrac{1}{A_0^0}} \qquad (3\text{-}6)$$

式中：σ_{pc}——结构构件实验时，在抗裂验算边缘的混凝土预压应力；

$\quad\quad \gamma$——受拉区混凝土塑性影响系数；

$\quad\quad N_{cr}^c$——轴心受拉、偏心受拉和偏心受压构件正截面开裂轴向力计算值；

f_t^0——混凝土抗拉强度实测值;

M_{cr}^c——受弯构件正截面开裂弯矩计算值;

A_0^0——以实际几何尺寸计算的构件换算截面面积;

W_0^0——由实际几何尺寸计算的换算截面受拉边缘的弹性抵抗矩;

e_0——由实际几何尺寸计算的偏心距。

3.3.3 加载程序

荷载种类和加载图式确定后,还应按一定的程序加载。一般结构静载实验的加载程序分为预加载实验、正常使用荷载(标准荷载)实验、破坏实验三个阶段。图 3-2 所示是一种典型的静载实验加载程序。对于非破坏性实验只加至正常使用荷载(即标准荷载),实验后试件仍可使用。对于破坏性实验,当加到正常使用荷载后,不卸载即可直接进入破坏实验阶段。

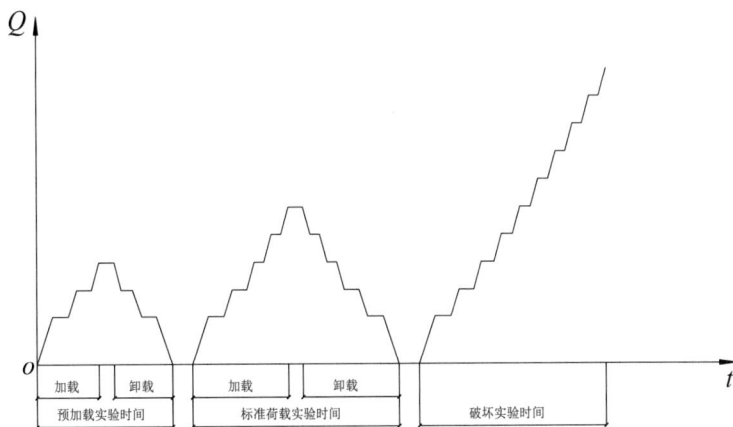

图 3-2 静载实验加载程序

分级加(卸)载,主要是为了方便控制加(卸)载速度和观测分析各种变化,也为了统一各点加载的步调。

1. 预加载实验

在正式实验前应对结构预加实验荷载,其目的在于:

①使试件与仪器上下各部件接触良好,进入正常工作状态,荷载与变形关系趋于稳定;

②检验全部实验装置的可靠性;

③检验全部观测仪表正常工作与否;

④检查现场组织工作和人员的工作情况,起演习作用。

总之，通过预加载实验可以发现一些潜在问题，并在正式实验开始之前加以解决，对保证实验工作顺利进行具有重要意义。预加载一般分三级进行，每级取标准荷载值的 20％，然后亦分级卸载，2 ~ 3 级卸完。为防止构件在预加载时产生裂缝，预加载的荷载量不宜超过实验结构构件开裂荷载计算值的 70％。

2. 正常使用荷载实验与破坏实验加载

正常使用荷载以内，每级宜取正常使用荷载计算值的 20％，一般分五级加至正常使用荷载；超过正常使用荷载后，每级宜取正常使用荷载计算值的 10％；需要做抗裂实验的结构构件，加载至开裂荷载的 90％后，每级取正常使用荷载计算值的 5％，一直加至出现第一条裂缝为止，作用在实验结构构件上的实验设备的重量和构件自重被视为第一级荷载或第一级荷载的一部分；每级荷载加完后，保持该荷载，其持续时间不应少于 10 分钟，且每级荷载的持续时间宜相等。这样做的目的是使结构构件的变形得到充分的发展，使测量结构具有可比性。在正常使用荷载作用下，荷载持续时间宜设定为 30 分钟。

3. 卸载

对进行间断性加载实验或仅需检验刚度、抗裂性和裂缝宽度的结构与构件，以及在测定残余变形或实施预加载之后，均应进行卸载处理，让结构、构件有恢复弹性变形的时间。卸载一般可按加载级距进行，也可放大 1 倍或分两次卸完。

3.4 实验结果的整理分析

3.4.1 实验结果的整理和数据处理

1. 实验原始资料的整理

结构实验通过仪器设备直接测试得到的荷载数值和反映结构实际工作的各种参数，以及实验过程中的情况记录，都是极其重要的原始资料，是研究分析实验结果的重要依据。实验过程中得到的大量原始数据，往往不能直接说明实验的成果或解答我们实验时所提出的问题，为此，必须将这些数据进行科学的整理分析和必要的换算，经过去粗存精、去伪存真，才能获得需要的资料。整理实验数据的目的，就是将整理后的原始数据系统化，经过计算，绘成图表和曲线，或用数学表达式形象而直观地反映出结构的性能及其工作的规律性，用以检验结构质量，验证设计计算的假定和方法或推导出新的理论。所以，实验数据的整理与分析是科学实验工作中极为重要的组成部分。原始资料是研究和分析测试结构及解决有争议问题的重要事实依据，首先应保持其完整性、科学性和严肃性，不得随意更改。

对经实验得出的各种数据，应进行运算、换算、统一计量单位等处理。特别是控制部位上安装的关键性仪表读数，如最大挠度控制点、最大侧移控制点及控制截面上的应变读数等，应在实验时当场整理、校核，及时通报，并与理论计算结果比较，以便了解和控制实验的全过程。其他数据的整理需要在实验后进行，整理中应注意数值的反常情况，如有仪表指示值与理论计算相差很大，甚至有正负号颠倒的情况，要对这些现象出现的规律性进行分析，应判断出其是由实验结构本身性能有突变（如发生裂缝、节点松动、支座沉降或局部应力已达到屈服强度等）所致，还是由仪表本身安装不当造成的。在没有足够的根据和理由判断出原因以前，绝不能轻易地舍弃任何数据，待以后分析时再作判断处理。

2. 变形测量的实验结果整理分析

结构构件的挠度是指构件本身的挠度值。由于在实验时受到支座沉降、结构构件自重和加载设备重力、加载图式和预应力反拱等因素的影响，对于结构构件在各级荷载下的短期挠度实测值，应考虑上述各项的影响进行修正。这里以简支结构构件的跨中挠度修正方法为例加以说明。简支结构构件修正后的跨中挠度计算公式如式（3-7）~式（3-9）所示。

$$a_{s,i}^0 = (a_{q,i}^0 + a_g^c)\psi \qquad (3\text{-}7)$$

$$a_{q,i}^0 = u_{m,i}^0 - \frac{1}{2}(u_{l,i}^0 + u_{r,i}^0) \qquad (3\text{-}8)$$

$$a_g^c = \frac{M_g}{M_b} a_b^0 \quad \text{或} \quad a_g^c = \frac{V_g}{V_b} a_b^0 \qquad (3\text{-}9)$$

式中：$a_{s,i}^0$——经修正后的第 i 级实验荷载作用下的构件跨中短期挠度实测值；

$a_{q,i}^0$——消除支座沉降后的第 i 级实验荷载作用下的构件跨中短期挠度实测值；

a_g^c——构件自重和加载设备重力产生的跨中挠度值；

$u_{m,i}^0$——第 i 级外加实验荷载作用下构件跨中位移实测值（包括支座沉降）；

$u_{l,i}^0$，$u_{r,i}^0$——第 i 级外加实验荷载作用下构件左、右端支座沉降实测值；

M_g，V_g——构件自重和加载设备重力产生的跨中弯矩值和端部剪力值；

M_b，V_b——从外加实验荷载开始至构件出现裂缝的第一级荷载为止的加载值产生的跨中弯矩值和端部剪力值；

a_b^0——从外加实验荷载开始至构件出现裂缝的前一级荷载为止的加载值产生的跨中挠度实测值；

ψ——加载图式的修正系数，用等效集中荷载代替均布荷载进行实验时按表 3-1 取用，而当实验与实际荷载的加载图式相同时，取值 1.0。

表 3-1 加载图式修正系数

名称	加载图式	修正系数 ψ
均布荷载		1.00
二集中力四分点等效荷载		0.91
二集中力三分点等效荷载		0.98
四集中力八分点等效荷载		0.97

得到跨中挠度实测值后，需要将理论计算结果与实验结果进行比较，按式（3-10）计算结构构件的变形校验系数。

$$\zeta_a = \frac{a_{s,i}^c}{a_{s,i}^0} \quad\quad (3\text{-}10)$$

式中：ζ_a——结构构件的变形校验系数；

$a_{s,i}^c$——在第 i 级实验荷载下的构件短期挠度计算值；

$a_{s,i}^0$——在第 i 级实验荷载下的构件短期挠度实测值。

结构构件变形校验系数 ζ_a 反映了刚度的理论计算结果与实验结果的符合程度，当 $\zeta_a = 1$ 时，说明符合良好；当 $\zeta_a < 1$ 时，说明计算结果比实验结果小，偏于不安全；当 $\zeta_a > 1$ 时，说明计算结果比实验结果大，偏于安全。

当按实配钢筋确定的构件挠度值进行检验时，或仅作刚度、抗裂或裂缝宽度检验的构件，应满足式（3-11）要求。

$$a_s^0 \leqslant 1.2a_s^c ; \ a_s^0 \leqslant [a_s] \tag{3-11}$$

式中：a_s^c——在正常使用的短期检验荷载作用下按实配钢筋确定的构件的短期挠度计算值；

$[a_s]$——在正常使用的短期检验荷载作用下构件的短期挠度允许值。

3. 抗裂实验与裂缝测量的实验结果整理分析

对于钢筋混凝土结构构件的抗裂实验，需要首先取得开裂荷载实测值。对于正截面开裂荷载实测值的确定，常用的方法有三种。一是放大镜观察法。当在加载过程中观察到第一次出现裂缝时，应取前一级荷载值作为开裂荷载；当在规定持荷时间内第一次出现裂缝时，应取本级荷载值与前一级荷载值的平均值作为开裂荷载；当在规定持荷时间结束后第一次出现裂缝时，应取本级荷载值作为开裂荷载。二是荷载－挠度曲线判别法。测定实验结构构件控制截面处的挠度，取其荷载－挠度曲线上斜率首次发生变化时的荷载值作为开裂荷载实测值。三是采用连续布置应变片法。在结构构件受拉区的最外层表面沿受拉主筋方向在拉应力最大区段的全长范围内连接续接布置应变片，监测应变值的变化，取第一个应变片发生突变时的荷载值作为开裂荷载实测值。斜裂缝开裂荷载实测值的确定有放大镜观察法和垂直斜裂缝方向连接布置应变片两种方法。

得到开裂荷载实测值后，需要将理论计算结果与实验结果进行比较，按式（3-12）计算结构构件的抗裂校验系数。

$$\xi_{cr} = \frac{S_{cr}^c}{S_{cr}^0} \tag{3-12}$$

式中：ξ_{cr}——结构构件的抗裂校验系数；

S_{cr}^c——结构构件的开裂内力计算值；

S_{cr}^0——结构构件的开裂内力实测值。

结构构件抗裂校验系数 ξ_{cr} 反映了抗裂的理论计算结果与实验结果的符合程度，当 $\xi_{cr} = 1$ 时，说明符合良好；当 $\xi_{cr} < 1$ 时，说明计算结果比实验结果小，偏于安全；当 $\xi_{cr} > 1$ 时，说明计算结果比实验结果大，偏于不安全。

对正常使用阶段允许出现裂缝的构件，构件的裂缝宽度检验应满足式（3-13）的要求。

$$W_{s,max}^0 \leqslant [W_{max}] \tag{3-13}$$

式中：$W_{s,max}^0$——在正常使用的短期检验荷载作用下，受拉主筋处最大裂缝宽度的实测值；

$[W_{max}]$——构件检验的最大裂缝宽度允许值，该允许值一般要小于设计要求的最大裂缝宽度限值，如设计要求最大裂缝宽度限制为 0.2 mm、0.3 mm、0.4 mm，构件检验的最大裂缝宽度允许值分别为 0.15 mm、0.20 mm、0.25 mm。

4. 构件内力和应力的实验结果处理

（1）弹性构件截面内力计算。

受弯矩和轴力等作用的构件，按材料力学平截面假定，其某一截面上的内力和应变分布如图 3-3 所示。根据数学原理，三个不在一条直线上的点可以唯一确定一个平面，只要测得构件截面上三个不在一条直线上的点所在的应变值，即可求得该截面的应变分布和内力值。对矩形截面的构件，常用的测点布置和由此求得的应变分布和内力计算公式见表 3-2。

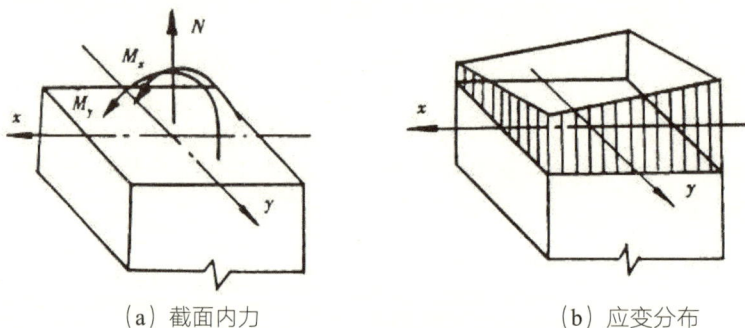

（a）截面内力　　　　　　（b）应变分布

图 3-3　构件截面内力和应变分布

表 3-2　截面测点布置与相应的应变分布、内力计算公式表

测点布置	应变分布和曲率	内力计算公式
只有轴力 N 和弯矩 M_x 两个测点（1,2）	$\varphi_x = \dfrac{\varepsilon_1 - \varepsilon_2}{b}$	$N = \dfrac{1}{2}(\varepsilon_1 + \varepsilon_2) \cdot Ebh$ $M_x = \dfrac{1}{12}(\varepsilon_1 - \varepsilon_2) \cdot Ehb^2$

（续表）

测点布置	应变分布和曲率	内力计算公式
只有轴力 N 和弯矩 M_y 两个测点（1,2） $\varphi_y = \dfrac{\varepsilon_2 - \varepsilon_1}{h}$		$N = \dfrac{1}{2}(\varepsilon_1 + \varepsilon_2) \cdot Ebh$ $M_y = \dfrac{1}{12}(\varepsilon_2 - \varepsilon_1) \cdot Ebh^2$
只有轴力 N 和弯矩 M_x，M_y 三个测点（1,2,3） $\varphi_x = \dfrac{\varepsilon_2 - \varepsilon_3}{b}$ $\varphi_y = \dfrac{1}{h}\left(\dfrac{\varepsilon_2 + \varepsilon_3}{2} - \varepsilon_1\right)$		$N = \dfrac{1}{2}\left(\varepsilon_1 + \dfrac{\varepsilon_2 + \varepsilon_3}{2}\right) \cdot Ebh$ $M_x = \dfrac{1}{12}(\varepsilon_2 - \varepsilon_3) \cdot Ehb^2$ $M_y = \dfrac{1}{12}\left(\dfrac{\varepsilon_2 + \varepsilon_3}{2} - \varepsilon_1\right) \cdot Ebh^2$
只有轴力 N 和弯矩 M_x，M_y 四个测点（1,2,3,4） $\varphi_x = \dfrac{\varepsilon_3 - \varepsilon_4}{b}$ $\varphi_y = \dfrac{1}{h}(\varepsilon_2 - \varepsilon_1)$		$N = \dfrac{1}{4}(\varepsilon_1 + \varepsilon_2 + \varepsilon_3 + \varepsilon_4) \cdot Ebh$ 或 $N = \dfrac{1}{2}(\varepsilon_1 + \varepsilon_2) \cdot Ebh$ 或 $N = \dfrac{1}{2}(\varepsilon_3 + \varepsilon_4) \cdot Ebh$ $M_x = \dfrac{1}{12}(\varepsilon_3 - \varepsilon_4) \cdot Ehb^2$ $M_y = \dfrac{1}{12}(\varepsilon_2 - \varepsilon_1) \cdot Ebh^2$

（2）平面应力状态下的主应力和剪应力计算。

对于梁的弯剪区、屋架端节点和板壳结构等在双向应力状态下工作部位的应力分析，需要计算其主应力的数值和方向以及剪应力的大小。当被测部位主应力方向已知时，可采用正交布置的双向应变测点直接测定主应力 σ_1 和 σ_2。当主应力方向未知时，则要布置三向应变测点按不同的应变网络布置测量结果进行计算。对于匀质线弹性材料的构件，可按材料力学主应力分析有关公式（表3-3）进行，计算时，弹性模量 E 和泊松比 v 应采用材料力学性能实验实际测定的数值。当无实测数据时，也可采用规范或有关资料提供的数值。

表 3-3　主应力计算公式表

受力状态	测点布置	主应力 σ_1、σ_2，最大剪应力 τ_{max} 及 σ_1 和 0° 轴线的夹角 θ
单向应力		$\sigma_1 = E\varepsilon_1$ $\theta = 0$
平面应力（主方向已知）		$\sigma_1 = \dfrac{E}{1-v^2}(\varepsilon_1+v\varepsilon_2)$　　　$\sigma_2 = \dfrac{E}{1-v^2}(\varepsilon_2+v\varepsilon_1)$ $\tau_{max} = \dfrac{E}{2(1+v)}(\varepsilon_1+\varepsilon_2)$ $\theta = 0$
平面应力		$\sigma_2^1 = \dfrac{E}{2}\left[\dfrac{\varepsilon_1+\varepsilon_2}{1-v} \pm \dfrac{1}{1+v}\sqrt{2(\varepsilon_1-\varepsilon_2)^2+2(\varepsilon_2-\varepsilon_3)^2}\right]$ $\tau_{max} = \dfrac{E}{2(1+v)}\sqrt{2(\varepsilon_1-\varepsilon_2)^2+2(\varepsilon_2-\varepsilon_3)^2}$ $\theta = \dfrac{1}{2}\arctan\left(\dfrac{2\varepsilon_2-\varepsilon_1-\varepsilon_3}{\varepsilon_1-\varepsilon_3}\right)$
平面应力		$\sigma_2^1 = \dfrac{E}{3}\cdot\left[\dfrac{\varepsilon_1+\varepsilon_2+\varepsilon_3}{1-v} \pm \dfrac{1}{1+v}\sqrt{2\left[(\varepsilon_1-\varepsilon_2)^2+(\varepsilon_2-\varepsilon_3)^2+(\varepsilon_3-\varepsilon_1)^2\right]}\right]$ $\tau_{max} = \dfrac{E}{3(1+v)}\sqrt{2\left[(\varepsilon_1-\varepsilon_2)^2+(\varepsilon_2-\varepsilon_3)^2+(\varepsilon_3-\varepsilon_1)^2\right]}$ $\theta = \dfrac{1}{2}\arctan\left[\dfrac{\sqrt{3}(\varepsilon_2-\varepsilon_3)}{2\varepsilon_1-\varepsilon_2-\varepsilon_3}\right]$

（续表）

受力状态	测点布置	主应力 σ_1、σ_2，最大剪应力 τ_{max} 及 σ_1 和 $0°$ 轴线的夹角 θ
平面应力		$$\sigma_2^1 = \frac{E}{2}\left[\frac{\varepsilon_1+\varepsilon_4}{1-v} \pm \frac{1}{1+v}\sqrt{(\varepsilon_1-\varepsilon_4)^2+\frac{4}{3}(\varepsilon_2-\varepsilon_3)^2}\right]$$ $$\tau_{max} = \frac{E}{2(1+v)}\sqrt{(\varepsilon_1-\varepsilon_4)^2+\frac{4}{3}(\varepsilon_2-\varepsilon_3)^2}$$ $$\theta = \frac{1}{2}\arctan\left[\frac{2(\varepsilon_2-\varepsilon_3)}{\sqrt{3}(\varepsilon_1-\varepsilon_3)}\right]$$ 校核公式：$\varepsilon_1+3\varepsilon_4=2(\varepsilon_2+\varepsilon_3)$
平面应力		$$\sigma_2^1 = \frac{E}{2}\cdot\left[\frac{\varepsilon_1+\varepsilon_2+\varepsilon_3+\varepsilon_4}{2(1-v)} \pm \frac{1}{1+v}\sqrt{(\varepsilon_1-\varepsilon_3)^2+(\varepsilon_4-\varepsilon_2)^2}\right]$$ $$\tau_{max} = \frac{E}{2(1+v)}\sqrt{(\varepsilon_1-\varepsilon_3)^2+(\varepsilon_4-\varepsilon_2)^2}$$ $$\theta = \frac{1}{2}\arctan\left(\frac{\varepsilon_2-\varepsilon_4}{\varepsilon_1-\varepsilon_3}\right)$$ 校核公式：$\varepsilon_1+\varepsilon_3=\varepsilon_2+\varepsilon_4$
三向应力		$$\sigma_1 = \frac{E}{(1+v)(1-2v)}[(1-v)\varepsilon_1+v(\varepsilon_2+\varepsilon_3)]$$ $$\sigma_2 = \frac{E}{(1+v)(1-2v)}[(1-v)\varepsilon_2+v(\varepsilon_3+\varepsilon_1)]$$ $$\sigma_3 = \frac{E}{(1+v)(1-2v)}[(1-v)\varepsilon_3+v(\varepsilon_1+\varepsilon_2)]$$

5. 承载力实验的结果整理与分析

在一定的受力状态和工作条件下，结构构件所能承受的最大内力称为结构构件的承载力。对于混凝土结构，进行承载力实验时，在加载或持载过程中出现下列破坏标志之一时，即认为达到承载力极限状态。

结构构件受力情况为轴心受拉、偏心受拉、受弯、大偏心受压时，标志是：

①受拉主筋应力达到屈服强度、受拉应变达到 0.01；

②受拉主筋拉断；

③受拉主筋处最大垂直裂缝宽度达到 1.5 mm；

④挠度达到跨度的 1/50，对悬臂结构，挠度达到悬臂长的 1/25；

⑤受压区混凝土压坏；

⑥锚固破坏或主筋端部混凝土滑移达 0.2 mm。

结构构件受力情况为轴心受压或小偏心受压时，其标志是：

①混凝土受压破坏；

②受压主筋应力达到屈服强度。

结构构件受力情况为剪弯时，其标志是：

①箍筋或弯起钢筋或斜截面内的纵向受拉主筋应力达到屈服强度；

②斜裂缝端部受压区混凝土剪压破坏；

③沿斜截面混凝土斜向受压破坏；

④沿斜截面撕裂形成斜拉破坏；

⑤箍筋或弯起钢筋与斜裂缝交会处的斜裂缝宽度达到 1.5 mm；

⑥锚固破坏或主筋端部混凝土滑移达 0.2 mm。

进行承载力实验时，在加载过程中出现破坏标志的时间往往有先有后，对此应取首先达到某一破坏标志时的最小荷载作为实验构件的实测破坏荷载。破坏荷载在实验构件中产生的内力，也就是实验构件所能承受的最大内力，称实验结构构件的实测承载力。实验结构构件的破坏状态判定应基于规定的荷载持续时间到达后的状态，因此，在加载过程中或在荷载持续时间内达到破坏标志时，不能取此级的荷载值，而应取前一级的荷载值作为实验构件的破坏荷载实测值。

另外实验构件的破坏过程和破坏特征是反映结构性能的重要资料，也是确定承载力的依据。因此在整理承载力实验结果时，应详细而准确地加以描述，并注意如下资料的整理和分析：

①各级实验荷载作用下实验构件控制截面上的应力、应变分布；

②实验构件控制截面上最大应力（应变）– 荷载曲线；

③实验构件的混凝土极限应变、钢筋的极限应变；

④实验构件复杂应力区的剪应力、主应力和主应力方向；

⑤实验构件破坏过程和破坏特征分析，并辅以必要的图示和照片。

综合分析以上资料和结构构件的破坏标志，即可得到结构构件的承载力实测值，然后按式（3-14）计算结构构件的承载力校验系数：

$$\xi_u = \frac{R(f_c^0, f_s^0, a^0, \cdots)}{S_u^0} \qquad (3\text{-}14)$$

式中：ξ_u——结构构件的承载力校验系数；

$R(f_c^0, f_s^0, a^0, \cdots)$——按材料实测强度和构件几何参数实测值确定的构件承载力计算值；

f_c^0, f_s^0, a^0——混凝土抗压强度、钢材抗拉强度和截面几何尺寸的实测值。

结构构件承载力校验系数 ξ_u 反映了承载力的理论计算结果与实验结果的符合程度，当 $\xi_u = 1$ 时，说明符合良好；当 $\xi_u < 1$ 时，说明计算结果比实验结果小，偏于安全；当 $\xi_u > 1$ 时，说明计算结果比实验结果大，偏于不安全。

3.4.2 实验曲线的绘制

将实验过程中获得的各级实验荷载作用下的一系列实验数据，通过建立适当的比例坐标系绘制成特征曲线，能够简单、直观地展现结构性能参数随荷载变化的规律，也有助于进一步使用数理统计和解析几何的方法找出数学表达式。

1. 坐标的选择与实验曲线的绘制

选择适当的坐标轴有助于确切地表达实验结果，设定坐标的比例，应使曲线能在坐标轴45°分角线附近，太靠近任一坐标轴都会降低作图的精确度。坐标的起点数值不一定从零开始，以使所得曲线图形能占满全幅坐标纸为宜，使变化的过程突出。

在实验数据的图形化表达中，直角坐标系一般用于表示两个变量间的关系。在实验中一般用纵坐标 y 表示自变量（如荷载），用横坐标 x 表示因变量（如内力或变形），不过有时会遇到因变量不止一个的情况，此时可采用"无量纲变量"作为坐标来反映相互间的关系。绘制曲线时，尽可能用比较简单的曲线形式表示，选配曲线时，要使曲线通过较多的实验点，或者在较多的实验点附近，并使曲线两旁的实验点大致相等。一般靠近坐标系中间的数据点可靠性更高些，两端的数据可靠性稍低些。

常用的测试曲线图有荷载－变形曲线、荷载－应变曲线、截面应变图、裂缝分布图等。

（1）荷载 – 变形曲线绘制。

图 3-4 所示为荷载 – 变形曲线。它有三种基本形状。曲线 1 表示结构在弹性范围内工作，如钢结构在设计荷载内的荷载 – 变形曲线就是此种形状。曲线 2 表示结构的弹塑性工作状态，如钢筋混凝土结构在出现裂缝或局部破坏，就会在曲线上形成转折点（A 点和 B 点）；此外，由于部分结构内接头和节点存在顺从性，这种情况下曲线也会出现转折点。曲线 3 一般属于异常现象，其原因可能是仪器观测上出现失误，也可能是邻近构件、支架参与了工作，分担了荷载，而到加载后期这一影响越来越严重；此外，整体式钢筋混凝土结构经受多次加载后，也会出现这种现象，钢筋混凝土结构在卸载时的恢复过程也是这种曲线形式。

（2）荷载 – 应变曲线绘制。

图 3-5 所示为钢筋混凝土梁受弯试件的荷载 – 应变曲线。

图中：

测点 1——位于受压区，应变增长基本上呈直线；

测点 2——位于受拉区，混凝土开裂较早，所以突变点较低；

测点 3、4——在主筋处，混凝土开裂稍后，所以突变点稍高；主筋测点 "4" 在钢筋应力达到流限时，其曲线发生第二次突变；

测点 5——靠近截面中部，先受压力后过渡到受拉力，混凝土受拉区开裂后，中和轴位置上移引起突变。

荷载 – 应变曲线可以显示荷载与应变的内在关系，以及应变随荷载增长的规律性。

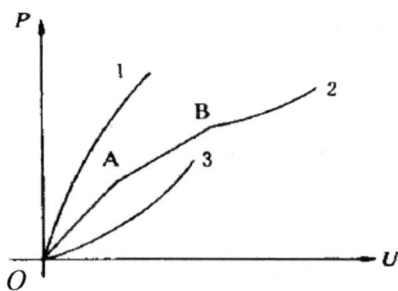

图 3-4　荷载 – 变形曲线

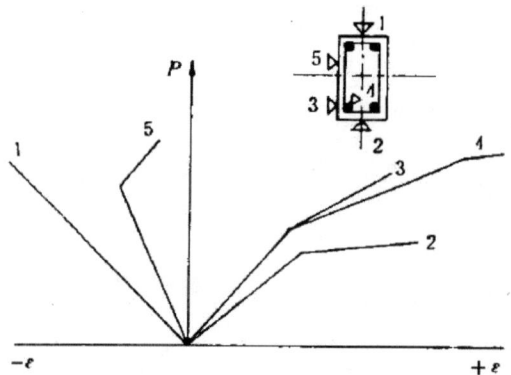

图 3-5　荷载 – 应变曲线

（3）截面应变图绘制。

图 3-6 所示为钢筋混凝土梁受弯试件的截面应变图。一般选取内力最大的控制截面绘制应变图，绘制时用一定的比例将某一级荷载下沿截面高度各测点的应变值连接起来。

通过分析截面应变图，可以了解应变沿截面高度方向的分布规律及变化过程，以及中和轴移动情况等，可以在求得应力（弹性材料根据实测应变和弹性模量求应力，非弹性材料根据应力 – 应变曲线求应力）的条件下，算出受压区和受拉区的合力值及其作用位置，算出截面弯矩或轴力。

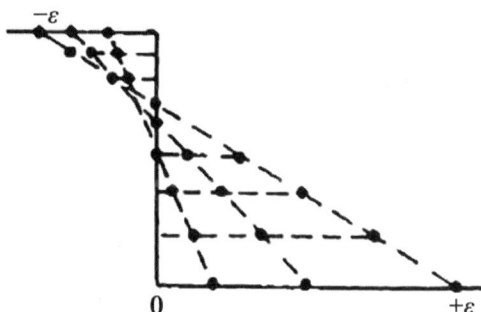

图 3-6　截面应变图

2. 构件裂缝及破坏图

实验过程中，应在构件上根据裂缝开展面和主侧面绘出其开展过程，并注上出现裂缝时的荷载值及裂缝宽度，直至破坏。裂缝分布图对于了解和分析结构的工作状况、破坏特征等有重要的参考价值。绘制时，用坐标纸或方格纸按比例先作一个裂缝开展面的展开图，然后，在展开图上描出裂缝的长短、间距，注明"荷载分级 / 裂缝宽度"，试件方位、编号等。

3.4.3　实验结果的误差分析

在测量过程中产生的误差，根据其产生的原因和性质通常分为系统误差、过失误差和偶然误差三类。

1. 系统误差

系统误差的产生主要源于以下几个因素：测量仪表或工具结构上的不完善或在设计上、工艺上存在着某些缺陷或偏差；仪表安装位置不正确；在实验过程中测量条件（如温度、湿度、气流等）发生变化；采用的测量方法不正确等。系统误差表明测量结构偏离客观真值的程度，关系到测量结构的准确度，应予以重视。系统误差有一定的规律，当对测量数据进行判别时，若发现有系统误差，可根据其规律找出原因，通过改进实验方法，完善仪器仪表的标定规程消除产生系统误差的因素。对于一些受实验条件限制而无法消除的系统误差，需引入修正系数。

2. 过失误差

过失误差又称粗大误差，主要由实验者在测量或计算时粗心大意引起，如数据读错、测点混淆，记录错误、测量方法不对等。上述过失会造成测量数据出现严重错误。此类误差数值很大，符号不定，使实验结果显然与事实不符，必须将其从测量数据中剔除。剔除过失误差较好的方法是利用偶然误差的正态分布理论，选择一个鉴别值与各个测定值的偏差进行比较。

3. 偶然误差

偶然误差也称随机误差，是由未被掌握的微小因素或因代价太大一时未能控制的微小因素引起的误差。引起偶然误差的原因有：测量仪表的结构不完善或零部件的公差累积，如仪器内部摩擦、间隙等的不规则变化；周围环境的条件干扰，如温度、湿度、气压的微量变化以及电源电压不稳；测试人员对仪表末位读数估计不准或测量方法有缺陷等。

为了估计和消除偶然误差，应采用多次测量的方法。但在实际混凝土结构实验中，由于结构构件开裂后，特别是进入非弹性阶段后，测量的数据随时间不断变化，而且这个过程无法重演，所以常采用单次测量方法。

4

钢筋混凝土结构基本原理实验指导

4.1 钢筋及混凝土材料性能实验

4.1.1 实验目的

①通过实验测定钢筋的屈服强度和抗拉强度，为钢筋混凝土构件的加载实验提供数据。

②通过实验测定混凝土立方体试块的抗压强度，从而确定混凝土实际强度等级，为钢筋混凝土构件的加载实验提供数据。

③通过实验掌握钢筋和混凝土材料性能实验的基本方法和数据处理的基本技能。

4.1.2 实验仪器及设备

实验仪器及设备包括：①微机控制电子万能试验机；②游标卡尺；③直尺。

4.1.3 试件制作

1. 钢筋制作

本实验采用的材料为 $\varphi16$ 的螺纹钢筋、$\varphi10$ 的光圆钢筋和 $\varphi4$ 的铅丝，在整批钢筋中随机各抽取三根并截取 500 mm 长作为试件。

2. 混凝土试块制作

（1）试件制作要求。

本实验采用 150 mm×150 mm×150 mm 的混凝土立方体试块，以三个同一龄期、同时制作、同样养护的混凝土试件为一组。每一组试件所用的拌合物应从同盘或同一车运送的混凝土拌合物中取样，或在实验室用人工或机械单独制作。混凝土试件成型方法应尽可能与实际施工采用的方法相同。

（2）试件制作方法。

将混凝土拌合物分两层装入试模，每层装料厚度大致相同。插捣时用垂直的捣棒按螺旋方向由边缘向中心进行，插捣底层时捣棒应达到试模底面，插捣上层时，捣棒应贯穿到下层深度 20 ~ 30 mm，并用抹刀沿试模内侧插入数次，以防止麻面。捣实后，刮除多余混凝土，并用抹刀抹平。

（3）试件养护。

拆模后的试件应立即放入标准养护室 [温度为（20±3）℃，相对湿度为 90% 以上] 养护，在标准养护室中试件应放在架上，彼此相隔 10 ~ 20 mm，并应避免用水直接冲淋试件；当无标准养护室时，混凝土试件可在温度为（20±3）℃ 的不流动水中养护，且水的 pH 值不应小于 7。

4.1.4　实验步骤

1. 钢筋材料性能实验

①用游标卡尺测定钢筋最小截面的外径，求出截面面积。

②调整试验机测力度盘的指针，使之对准零点，并拨动副指针，使之与主指针重叠。

③将试件固定在试验机夹头内，安装好引伸计，设置拉伸速度为：屈服前，应力增加速度为 6 ~ 60 MPa/s；屈服后，试验机活动夹头在荷载下的移动速度不大于 0.48（$L-2h$）mm/min（L 为试件长度，h 为夹头长度，单位为 mm）。

④开动试验机，进行拉伸并自动记录荷载和引伸计位移，同时界面显示随时间变化的荷载 – 位移曲线或应力 – 应变曲线，直至试件拉断。

⑤移除引伸计，清理试验机，并处理数据。

2. 混凝土材料性能实验

①将试件从养护地点取出后，随即擦干表面并量出其尺寸（精确至 1 mm），并以此计算试件的受压面积 A（mm²），如实测尺寸与公称尺寸之差不超过 1 mm，可按公称尺寸进行计算。

②将试件安放在试验机的下压板或垫板上，使立方体试件的承压面与成型时的顶面垂直。将试件的中心与试验机下压板中心对准，并开动试验机，当上压板与试件或钢垫板接近时，调整球座使接触均衡（微机控制可按使用说明设置）。

③对试件加荷时，应连续而均匀地加荷，加荷速度取 0.3~0.5 MPa/s，当试件接近破坏而开始迅速变形时，应停止调整试验机油门，直至试件破坏，然后记录破坏荷载 P（kN）。

4.1.5　数据处理

1. 钢筋强度的确定

将三个试件的拉力 – 应变关键点数据记录在表格中，每一个试件的屈服强度和抗拉强度按公式 $f_{sk}=F_{sk}/S$ 和 $f_{bk}=F_{bk}/S$ 计算，以三个试件计算结果的算术平均值作为该组试件的屈服强度标

准值 f_{sk} 和抗拉强度标准值 f_{bk}，精确至 0.1 MPa。三个测定值中的最大值或最小值中如有一个与中间值的差值超过中间值的 ±15%，则取中间值作为该组试件的强度值；如有两个测值与中间值的差值超过中间值的 ±15%，则该组试件的实验结果无效。

2. 混凝土强度的确定

①单组混凝土试块强度确定方法：每一个试块的抗压强度 f_{cu} 按公式 $f_{cu}=F_{cu}/S$ 计算，以三个试件抗压强度的算术平均值作为该组立方体试块的抗压强度标准值，精确至 0.1 MPa。三个测定值中的最大值或最小值中如有一个与中间值的差值超过中间值的 ±15%，则取中间值作为该组试件的抗压强度值；如有两个测值与中间值的差值超过中间值的 ±15%，则该组试件的实验结果无效。

②根据混凝土立方体试块的抗压强度标准值，采用式（4-1）和式（4-2）计算该混凝土强度标准值：

$$f_{ck}=0.88\alpha_{c1}\alpha_{c2}f_{cu,k} \tag{4-1}$$

$$f_{tk}=0.88\times0.395\times(f_{cu,k})^{0.55}\times(1-1.645\sigma_{f_{cu}})^{0.45}\times\alpha_{c2} \tag{4-2}$$

式中：f_{ck}——混凝土轴心抗压强度标准值；

$f_{cu,k}$——边长为 150 mm 的混凝土立方体抗压强度标准值；

α_{c1}——棱柱体强度与立方体抗压强度之比值，对普通混凝土，其强度等级不高于 C50 时，取 $\alpha_{c1}=0.76$，对高强混凝土 C80，取 $\alpha_{c1}=0.82$，其间按线性内插法取用；

α_{c2}——对 C40 以上等级的混凝土考虑脆性折减系数，当混凝土强度等级不高于 C40 时，取 $\alpha_{c2}=1$，对 C80 混凝土，取 $\alpha_{c2}=0.87$，其间按线性内插法取用；

f_{tk}——混凝土轴心抗拉强度标准值；

$\sigma_{f_{cu}}$——混凝土立方体抗压强度的变异系数，对单组实验取 $\sigma_{f_{cu}}=0$。

4.1.6 数据记录与结果处理

1. 钢筋材料性能实验

①钢筋材料性能实验的数据记录应如表 4-1 所示。

4

钢筋混凝土结构基本原理实验指导

表 4-1　钢筋材料性能实验数据示例

钢筋直径 φ:　　mm；　　钢筋面积 A_s:　　mm^2

No.1	拉力 /kN						
	应变 / (10⁻⁶)						
No.2	拉力 /kN						
	应变 / (10⁻⁶)						
No.3	拉力 /kN						
	应变 / (10⁻⁶)						
平均	拉力 /kN						
	应变 / (10⁻⁶)						

②应力 – 应变曲线的绘制如图 4-1 所示。

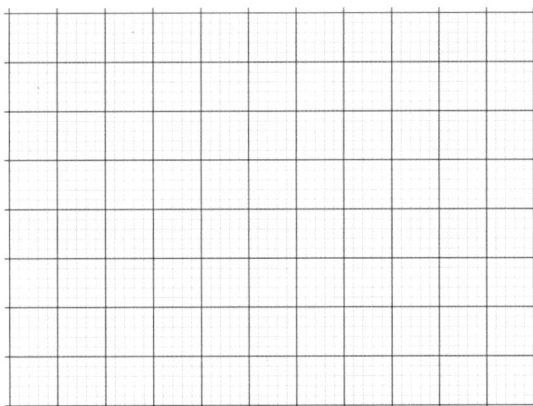

图 4-1　应力 – 应变曲线示例

③从应力 – 应变曲线中提取屈服强度和极限强度，填入表 4-2 中。

表 4-2　屈服强度和极限强度

钢筋编号	No.1	No.2	No.3
屈服强度 /MPa			
极限强度 /MPa			

④计算平均强度值：$f_{sk,k} =$

$$f_{bk,k} =$$

进行有效性验证：

2. 混凝土立方试块的强度

混凝土立方试块的强度数据记录应如表 4-3 所示。

表 4-3　混凝土土方试块的强度数据示例

立方体边长：　　mm；　截面面积 A：　　mm^2

立方试块号	No.1	No.2	No.3
破坏压力 /kN			

②计算平均强度值：$f_{cu,k}$ =

进行有效性验证：

③计算下列各值：

f_{ck} =

f_{tk} =

4.2　钢筋混凝土梁正截面受弯性能实验

4.2.1　实验目的

①通过实验初步掌握钢筋混凝土梁正截面受弯性能实验的实验方法和操作程序。

②通过实验了解钢筋混凝土梁受弯破坏的全过程。

③通过实验加深对钢筋混凝土梁正截面受力特点、变形性能和裂缝开展规律的理解。

④通过实验了解正常使用极限状态和承载能力极限状态下梁的受弯性能。

⑤通过实验了解钢筋混凝土超筋梁、适筋梁和少筋梁受弯破坏形态的差异。

4.2.2　实验仪器及设备

实验仪器及设备包括：①静态电阻应变仪；②力传感器；③百分表或电子百分表；④手持式引伸仪（标距 10 cm）；⑤手动油泵；⑥千斤顶（最大荷载质量为 10 t，自重 0.3 kN/ 个，已悬挂；⑦工字钢分配梁（自重 0.1 kN/ 根）；⑧裂缝观测仪。

4.2.3 实验方案

1. 实验梁的配筋设计

少筋梁、适筋梁和超筋梁的配筋设计见图 4-2~ 图 4-4。

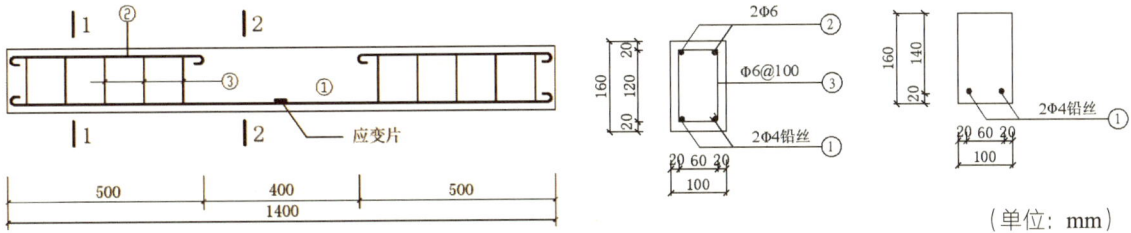

图 4-2 少筋梁配筋图

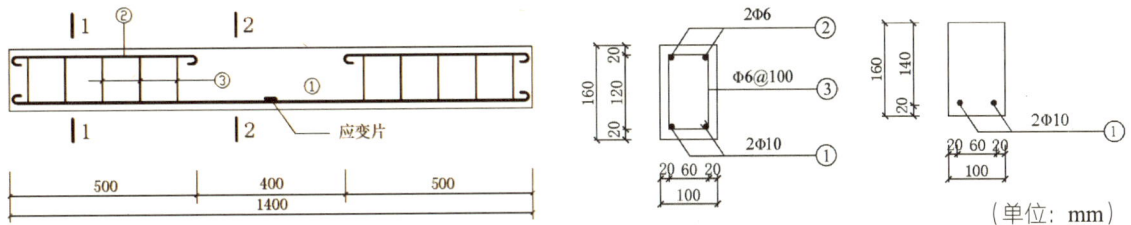

图 4-3 适筋梁配筋图

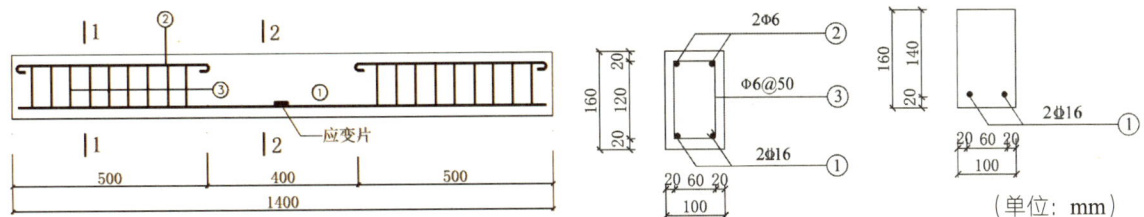

图 4-4 超筋梁配筋图

2. 需要测定材料特性的实验材料

①受拉主筋①号筋材料：少筋梁为直径 4 mm 的 8 号铅丝，适筋梁为直径 10 mm 的 HPB300 钢筋，超筋梁为直径 16 mm 的 HRB400 钢筋，实验前均预留三根长 500 mm 的钢筋和铅丝，用于测试其应力 - 应变关系。

②混凝土按 C30 配合比制作，在浇筑混凝土时，同时浇筑三个 150 mm×150 mm×150 mm 的立方体试块，用于测定混凝土的强度等级。

3. 实验梁的加载及仪表布置

①将实验梁支承于台座上，通过千斤顶和分配梁施加两点荷载，由力传感器读取荷载读数。

②在梁支座和跨中各布置一个百分表。

③在跨中梁侧面布置四排应变引伸仪测点。

④在跨中梁上表面布置一个应变片。

⑤在跨中受力主筋预埋两个应变片。受弯实验梁加载测试方案如图 4-5 所示。

4. 实验测量数据内容

①各级荷载下支座沉降与跨中的位移。

②各级荷载下主筋跨中的拉应变及混凝土受压边缘的压应变。

③各级荷载下梁跨中上边纤维、中间纤维、受拉筋处纤维的混凝土应变。

④记录、观察梁的开裂荷载和开裂后各级荷载下裂缝的开展情况（包括裂缝分布和最大裂缝宽度 W_{max}）。

⑤记录梁的破坏荷载、极限荷载和混凝土极限压应变。

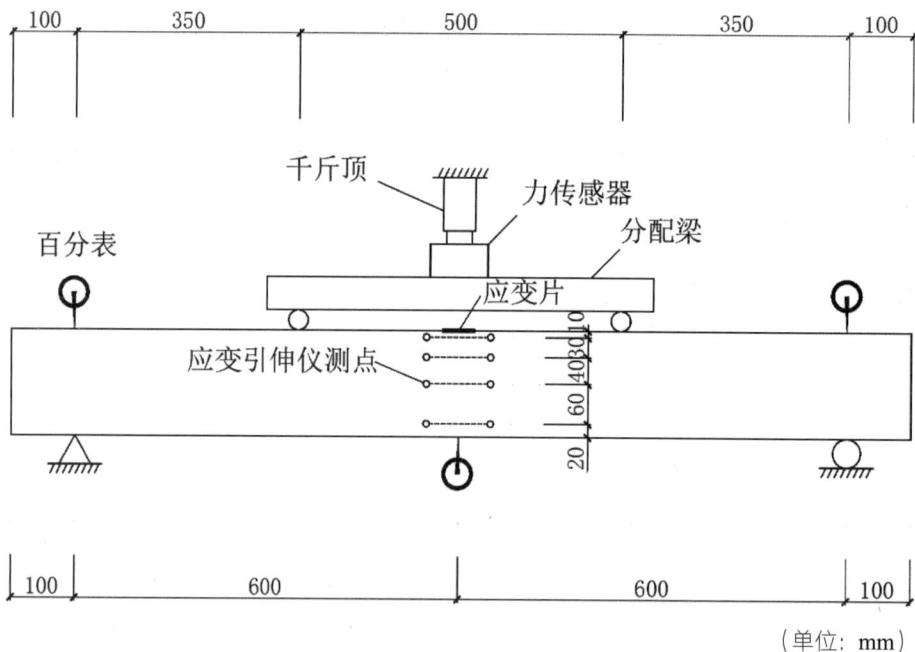

（单位：mm）

图 4-5　受弯实验梁加载测试方案示意图

4.2.4 实验步骤

1. 实验准备

①试件的制作。

②混凝土和钢筋力学性能实验（限于时间这部分由教师完成）。

③用稀石灰将试件两侧刷白，用铅笔画 40 mm×100 mm 的方格线（以便观测裂缝），粘贴应变引伸仪铜柱。

④把实验分为三组，分别进行少筋梁、适筋梁和超筋梁受弯性能实验。实验前根据实验梁的截面尺寸、配筋数量和材料强度标准值计算实验梁的承载力和开裂荷载。

2. 实验加载

①由教师预先安装或在教师指导下由学生安装实验梁，布置安装实验仪表。

②对实验梁进行预加载，利用力传感器进行控制，加荷值可取开裂荷载的50%，分三级加载，每级稳定时间为 1 分钟，然后卸载，加载过程中检查实验仪表是否正常。

③调整仪表并记录仪表初读数。

④按估算极限荷载的 10% 左右对实验梁分级加载（第一级应考虑梁自重和分配梁的自重），相邻两次加载的时间间隔为 2 ~ 3 分钟。在每级加载后的间歇时间内，认真观察实验梁上是否出现裂缝，加载持续 2 分钟后记录电阻应变仪、百分表和手持式引伸仪的读数。

⑤当达到实验梁开裂荷载的 90% 时，改为按极限荷载的 5% 进行加载，直至实验梁上出现第一条裂缝，在实验梁表面对裂缝的走向和宽度进行标记，记录开裂荷载。

⑥开裂后按原加载分级进行加载，相邻两次加载的时间间隔为 3 ~ 5 分钟。在每级加载后的间歇时间内，认真观察实验梁上原有裂缝的开展和新裂缝的出现等情况并进行标记，记录电阻应变仪、百分表和手持式引伸仪的读数。

⑦当达到实验梁破坏荷载的 90% 时，改为按估算极限荷载的 5% 进行加载，直至实验梁达到极限承载状态，记录实验梁承载力实测值。

⑧当实验梁出现明显较大的裂缝时，撤去百分表，加载到实验梁完全破坏，记录混凝土应变最大值和荷载最大值。

⑨卸载，记录实验梁破坏时裂缝的分布情况。

3. 人员分工

每组实验设总指挥 1 人，负责观察现场实测数据、判断构件的受力阶段和决定加载的程序；实验加载 1 人，负责控制电动油泵站或手动油泵，根据力传感器的读数稳定每级加载量；测读电阻应变仪 1 人，负责检查和调试电阻应变仪，测读并记录各个电阻应变片的读数；测读手持式引伸仪 1 人，负责测读并记录手持式引伸仪的读数；测读百分表 1 人，负责测读并记录百分表读数；观察裂缝 2 人，负责观测裂缝的开展情况，并对裂缝进行描绘。

4.2.5 数据处理

①根据实验过程中记录的百分表读数，计算各级荷载作用下实验梁的实测跨中挠度值，作出跨中弯矩和挠度 M-f 曲线。

②根据实验过程中记录的受力主筋的应变仪读数，计算实验梁跨中的钢筋应变平均值，作出跨中弯矩和主筋应变 M-ε_s 曲线。

③根据实验过程中记录的受压混凝土的应变仪读数，作出跨中弯矩和受压混凝土应变 M-ε_c 曲线。

④根据实验过程中记录的手持式引伸仪的读数，计算测量标距范围内混凝土的平均应变值，作出实验梁平均应变沿梁高度的分布图。

⑤根据实验中实测的实验梁开裂荷载和破坏荷载，计算实验梁的抗裂校验系数和承载力校验系数。

⑥绘制裂缝分布图。

4.2.6 实验理论计算的参考公式

1. 承载力的计算

参照《混凝土结构设计标准（2024 年版）》（GB/T 50010—2010）的规定，单筋矩形截面受弯构件正截面受弯承载力 M_u 的计算，如式（4-3）所示。

$$M_u = \alpha_1 f_{ck} bx \left(h_0 - \frac{x}{2} \right) \tag{4-3}$$

混凝土受压区高度应按式（4-4）确定。

$$\alpha_1 f_{ck} bx = f_{yk} A_s \tag{4-4}$$

混凝土受压区高度尚应符合式（4-5）和式（4-6）。

$$x \leqslant \xi_b h_0 \tag{4-5}$$

$$\xi_b = \frac{\beta_1}{1 + \dfrac{f_{yk}}{E_s \varepsilon_{cu}}} \tag{4-6}$$

式中：α_1，β_1——系数，当混凝土强度等级不超过 C50 时，α_1 取为 1.0，β_1 取为 0.8；

f_{ck}——混凝土轴心抗压强度标准值，采用材料性能实验结果；

h_0——截面有效高度，纵向受压钢筋合力点至截面受压边缘的距离，$h_0 = h - a_s$（h 为实验梁矩形截面的高度，a_s 为受拉区全部纵向钢筋合力点至截面受压边缘的距离，取为 20 mm）；

b——实验梁矩形截面的宽度；

x——混凝土受压区高度；

f_{yk}——受拉主筋屈服强度标准值，采用材料性能实验结果；

A_s——受拉区纵向主筋的截面面积；

ξ_b——相对界限受压区高度；

E_s——钢筋弹性模量，对 HPB300 钢筋取 $E_s = 2.1 \times 10^5$ N/mm^2，对 HRB400 钢筋取 $E_s = 2.0 \times 10^5$ N/mm^2，对 8 号铅丝（镀锌低碳钢丝材质）取 $E_s = 2.06 \times 10^5$ N/mm^2；

ε_{cu}——正截面的混凝土极限压应变，当混凝土强度等级不超过 C50 时取为 0.0033。

2. 正常使用荷载的计算

$$M_k = \frac{M_u}{\gamma_0 \gamma_\mu [\gamma_u]} \tag{4-7}$$

式中：γ_μ——荷载分项系数的平均值，本次实验取 $\gamma_\mu = 1.4$；

γ_0——结构重要性系数，取 $\gamma_0 = 1.0$；

$[\gamma_u]$——构件的承载力检验系数允许值，对于以主筋屈服的受弯破坏取 $[\gamma_u] = 1.2$。

3. 开裂荷载理论值的计算

参照《水工混凝土结构设计规范》（SL 191—2008），钢筋混凝土受弯构件的开裂弯矩为：

$$M_{cr} = \gamma_m f_{tk} I_0 / (h - y_0) \tag{4-8}$$

$$I_0 = (0.083 + 0.19\alpha_E\rho)bh^3 \tag{4-9}$$

$$y_0 = (0.5 + 0.425\alpha_E\rho)h \tag{4-10}$$

式中：γ_m——截面抵抗矩塑性系数，对于矩形截面取 $\gamma_m = 1.55$；

f_{tk}——混凝土轴心抗拉强度标准值，采用材料性能实验结果；

I_0——实验梁换算截面惯性矩；

y_0——实验梁截面形心轴至受拉边缘距离；

α_E——钢筋弹性模量和混凝土弹性模量之比，$\alpha_E = E_s/E_c$，E_c 为混凝土弹性模量，可参考表4-4取值；

ρ——纵向受拉钢筋配筋率，对于钢筋混凝土受弯构件，取 $\rho = A_s/bh_0$。

表 4-4　混凝土弹性模量参考值

混凝土强度等级	C20	C25	C30	C35	C40
弹性模量 /（N/mm²）	2.55×10^4	2.80×10^4	3.00×10^4	3.15×10^4	3.25×10^4

4. 初始等效荷载的计算

初始等效荷载是考虑构件、分配梁和荷载传感器的自重而得到的等效值，将实验梁均布自重按弯矩等效折算为集中自重 $P_梁$（混凝土容重取 25 kN/m³），具体计算如式（4-11）~式（4-13）所示。

$$\frac{1}{8}q_自 L^2 = P_梁 \times a \tag{4-11}$$

$$P_梁 = \frac{1}{8a}q_自 L^2 \tag{4-12}$$

$$P_{eq} = 2P_梁 + P_{分配梁} + P_{荷载传感器} \tag{4-13}$$

式中：$q_自$——自重荷载；

L——梁的跨径；

a——支点到分配梁加载点的距离；

$P_梁$——等效集中自重；

$P_{分配梁}$——分配梁自重；

$P_{荷载传感器}$——荷载传感器自重；

P_{eq}——初始等效荷载。

计算简图如图 4-6 所示。

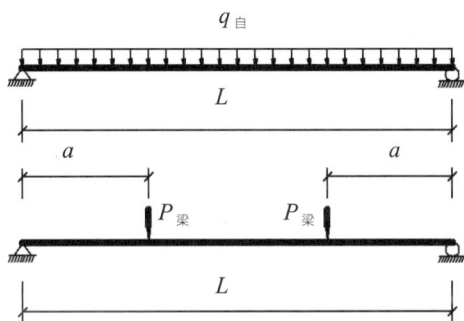

图 4-6　初始等效荷载计算简图

4.2.7　思考题

①该梁的变形规律如何，纵向钢筋和混凝土是如何发挥抗弯作用的？

②平截面假定是否成立，以及平截面假定的适用条件？

③假定在正常使用荷载下该梁的短期效应挠度限值为 $l_0/200$，最大裂缝宽度限值检测值为 0.25 mm，根据实验结果分析该梁是否满足正常使用要求。

④该梁的破坏形态如何，产生这种形态的破坏的原因是什么？

⑤该梁达到极限承载状态的标志是什么，实验结果是否符合预期，原因是什么？

⑥根据该梁的抗裂校验系数和承载力校验系数，分析实验值与理论值存在差异的原因。

⑦说出对有关实验的体会：例如实验中应注意什么，怎样才能保证实验成功，对本次实验应作哪些改进以促进和提高实验的精确程度，等等。

4.2.8　数据记录与结果处理

这里仅列两张表：数据记录表（表 4-5）、数据处理表（表 4-6）。

表 4-5　数据记录表

级数	千斤顶荷载 F/kN	百分表读数				手持式引伸仪读数			主筋应变		混凝土 受压应变	开裂情况
		左	中	右	上	中$_1$	中$_2$	下	1	2		
初读数												
1												
2												
3												
4												
5												
6												
7												
8												
9												
10												
11												
12												
13												
14												
15												
16												

注：开裂情况一栏中，如无裂缝则写无，有裂缝则写：有缝，条数，W_{max} 三项内容。

表 4-6　数据处理表

级数	总荷载 P/kN	跨中弯矩 M/(kN·m)	跨中挠度 /mm 实测值 f_0	跨中挠度 /mm 修正值 f	侧面应变修正值 δ/ (10^{-6}) 上	中$_1$	中$_2$	下	主筋应变修正值 ε_s/ (10^{-6}) 1	2	平均	混凝土受压应变修正值 ε_c/ (10^{-6})
初读数												
1												
2												
3												
4												
5												
6												
7												
8												
9												
10												
11												
12												
13												
14												
15												
16												

注: $P=F+P_{eq}$

修正值 $X_i=X_{0i}+X_{01}\times P_{eq}/F_1$ （X 代表修正值, X_0 代表实测值, i 为级数）

4.3 钢筋混凝土梁斜截面受剪性能实验

4.3.1 实验目的

①通过实验初步掌握钢筋混凝土梁斜截面受剪实验的实验方法和操作程序。

②通过实验了解钢筋混凝土梁受剪破坏的全过程。

③通过实验加深对钢筋混凝土梁斜截面受力特点、变形性能和裂缝开展规律的理解。

④通过实验了解钢筋混凝土梁斜拉破坏、剪压破坏和斜压破坏形态的差异。

4.3.2 实验仪器及设备

实验仪器及设备包括：①静态电阻应变仪；②力传感器；③百分表或电子百分表；④手持式引伸仪（标距10 cm）；⑤手动油泵；⑥千斤顶（最大荷载质量为10 t，自重0.3 kN/个，已悬挂）；⑦工字钢分配梁（自重0.1 kN/根）；⑧裂缝观测仪。

4.3.3 实验方案

1.实验梁的配筋设计

斜拉破坏梁、剪压破坏梁和斜压破坏梁的配筋设计见图4-7～图4-9。

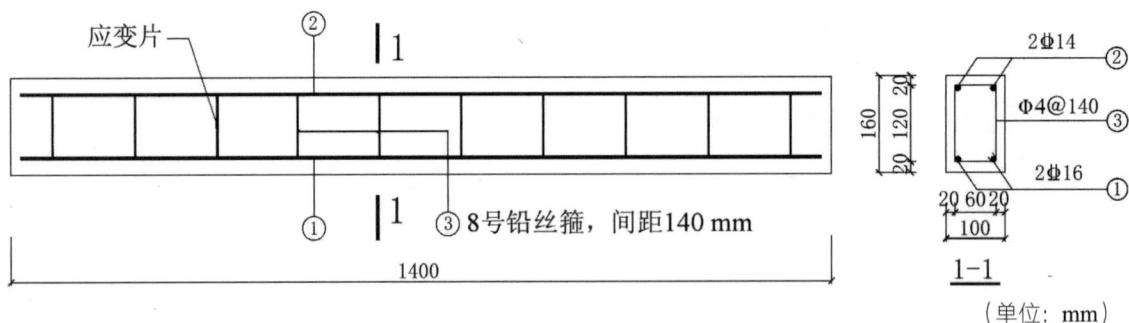

图4-7 斜拉破坏梁配筋图

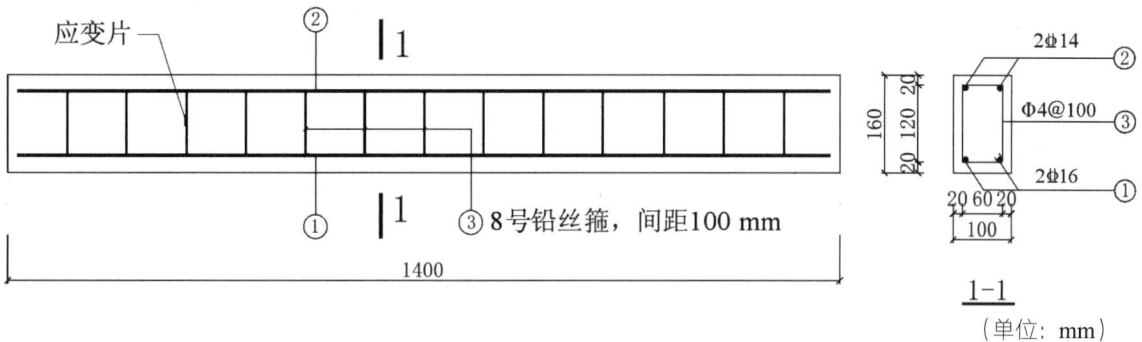

图 4-8　剪压破坏梁配筋图

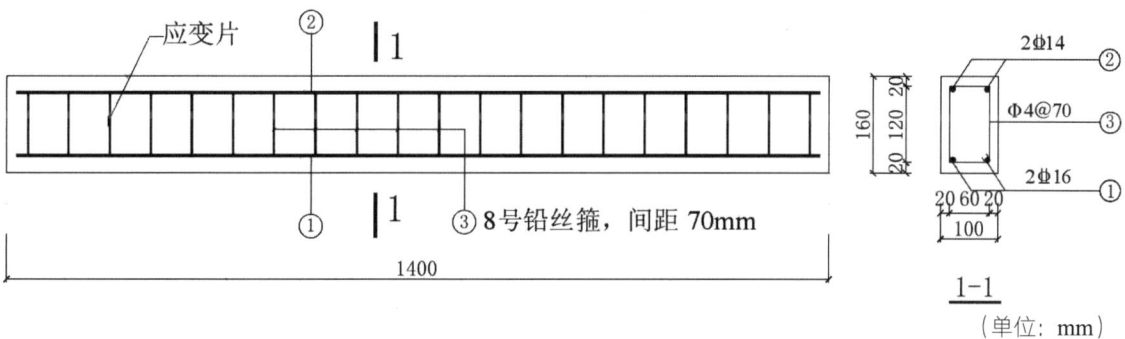

图 4-9　斜压破坏梁配筋图

2. 实验梁的材料

①受剪箍筋③号筋采用直径 4 mm 的 8 号铅丝箍，实验前预留三根长 500 mm 的 8 号铅丝，用于测试其应力 – 应变关系。

②混凝土按 C25 配合比制作，在浇筑混凝土时，同时浇筑三个 150 mm×150 mm×150 mm 的立方体试块，用于测定混凝土的强度等级。

3. 实验梁的加载及仪表布置

①将实验梁支承于台座上，通过千斤顶和分配梁施加两点荷载（斜拉破坏，L=500 mm；剪压破坏，L=350 mm；斜压破坏，L=150 mm），由力传感器读取荷载读数。

②在梁支座和跨中各布置一个百分表。

③在弯剪段梁侧面布置两排斜向应变引伸仪测点。

④在跨中梁上表面布置一个应变片。

⑤在弯剪段箍筋上各布置一个应变片。受剪实验梁加载测试方案如图 4-10 所示。

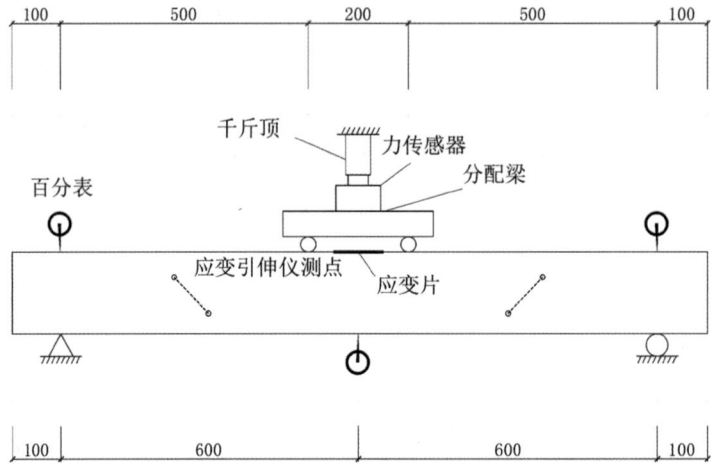

（a）斜拉实验

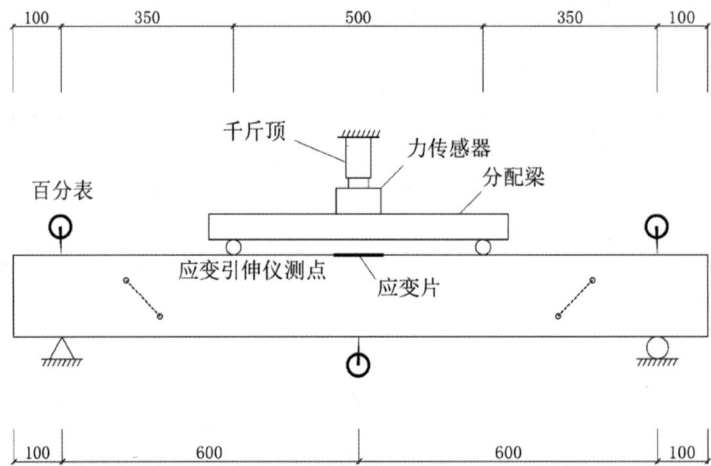

（b）剪压实验

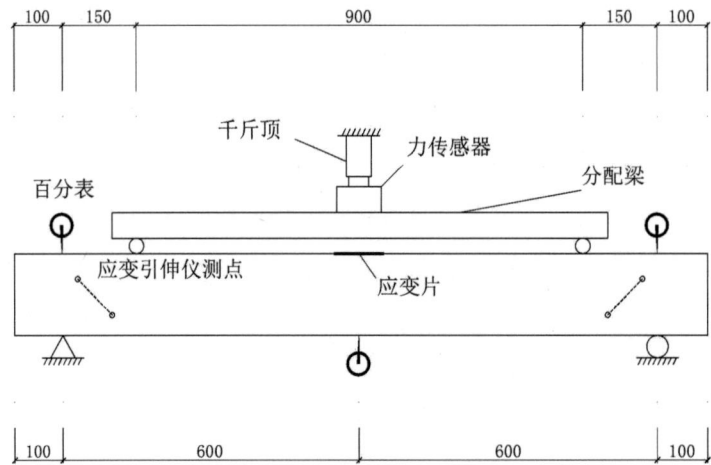

（单位：mm）

图 4-10　受剪实验梁加载测试方案示意图

4. 实验测量数据内容

①各级荷载下支座沉降与跨中的位移。

②各级荷载下箍筋的应变和混凝土受压边缘的压应变。

③各级荷载下梁弯剪段斜截面混凝土应变。

④记录、观察梁的开裂荷载和开裂后各级荷载下裂缝的开展情况（包括裂缝分布和最大裂缝宽度 W_{max}）。

⑤记录梁的破坏荷载、极限荷载和混凝土极限压应变。

4.3.4 实验步骤

1. 实验准备

①试件的制作。

②混凝土和钢筋力学性能实验（限于时间这部分由教师完成）。

③用稀石灰将试件两侧刷白，用铅笔画 40 mm×100 mm 的方格线（以便观测裂缝），粘贴应变引伸仪铜柱。

④将实验分为三组，分别进行斜拉破坏梁、剪压破坏梁和斜压破坏梁受剪性能实验。实验前根据实验梁的截面尺寸、配筋数量和材料强度标准值计算实验梁的承载力和开裂荷载。

2. 实验加载

①由教师预先安装或在教师指导下由学生安装实验梁，布置安装实验仪表。

②对实验梁进行预加载，利用力传感器进行控制，加荷值可取开裂荷载的 50%，分三级加载，每级稳定时间为 1 分钟，然后卸载，加载过程中检查实验仪表是否正常。

③调整仪表并记录仪表初读数。

④按估算极限荷载的 10% 左右对实验梁分级加载（第一级应考虑梁自重和分配梁的自重），相邻两次加载的时间间隔为 2 ～ 3 分钟。在每级加载后的间歇时间内，认真观察实验梁上是否出现裂缝，加载持续 2 分钟后记录电阻应变仪、百分表和手持式引伸仪的读数。

⑤当达到实验梁开裂荷载的 90% 时，改为按估算极限荷载的 5% 进行加载，直至实验梁上出现第一条裂缝，在实验梁表面对裂缝的走向和宽度进行标记，记录开裂荷载。

⑥开裂后按原加载分级进行加载，相邻两次加载的时间间隔为 3 ～ 5 分钟。在每级加载后

的间歇时间内，认真观察实验梁上原有裂缝的开展和新裂缝的出现等情况并进行标记，记录电阻应变仪、百分表和手持式引伸仪的读数。

⑦当达到实验梁破坏荷载的 90% 时，改为按估算极限荷载的 5% 进行加载，直至实验梁达到极限承载状态，记录实验梁承载力实测值。

⑧当实验梁出现明显较大的裂缝时，撤去百分表，加载到实验梁完全破坏，记录混凝土应变最大值和荷载最大值。

⑨卸载，记录实验梁破坏时裂缝的分布情况。

3. 人员分工

每组实验设总指挥 1 人，负责观察现场实测数据、判断构件的受力阶段和决定加载的程序；实验加载 1 人，负责控制电动油泵站或手动油泵，根据力传感器的读数稳定每级加载量；测读电阻应变仪 1 人，负责检查和调试电阻应变仪，测读并记录各个电阻应变片的读数；测读手持式引伸仪 1 人，负责测读并记录手持式引伸仪的读数；测读百分表 1 人，负责测读并记录百分表读数；观察裂缝 2 人，负责观测裂缝的开展情况，并对裂缝进行描绘。

4.3.5 数据处理

①根据实验过程中记录的百分表读数，计算各级荷载作用下实验梁的实测跨中挠度值，作出剪力和跨中挠度 V-f 曲线。

②根据实验过程中记录的箍筋的应变仪读数，作出剪力和箍筋应变 V-ε_{sv} 曲线。

③根据实验过程中记录的受压混凝土的应变仪读数，作出剪力和受压混凝土应变 V-ε_c 曲线。

④根据实验过程中记录的手持式引伸仪读数，计算测量标距范围内混凝土的平均应变值，作出剪力和混凝土斜截面应变 V-ε_{cv} 曲线。

⑤根据实验中得到的实验梁实测开裂荷载和破坏荷载，计算实验梁的抗裂校验系数和承载力校验系数。

⑥绘制实验梁弯剪段裂缝分布图。

4.3.6 实验理论计算的参考公式

1. 承载力计算

参照《混凝土结构设计标准（2024年版）》（GB/T 50010—2010）的规定，在集中荷载作用下（包括作用有多种荷载，其中集中荷载对支座截面所产生的剪力值占总剪力值的75%以上的情况）仅配置箍筋的矩形截面受弯构件斜截面受剪承载力 V_u 的计算，如式（4-14）所示。

$$V_{u}=\frac{1.75}{\lambda+1}f_{tk}bh_{0}+f_{yvk}\frac{A_{sv}}{s}h_{0} \tag{4-14}$$

式中：f_{tk}——混凝土轴心抗拉强度标准值，采用材料性能实验结果；

b——矩形截面的宽度；

h_0——截面有效高度，纵向受压钢筋合力点至截面受压边缘的距离，$h_0=h-a_s$，a_s 为受拉区全部纵向钢筋合力点至截面受压边缘的距离，取 $a_s=20\ mm$；

f_{yvk}——箍筋抗拉强度标准值，采用材料性能实验结果；

A_{sv}——配置在同一截面内箍筋各肢的全部截面面积，$A_{sv}=nA_{sv1}$，n 为在同一截面内箍筋的肢数，A_{sv1} 为单肢箍筋的截面面积；

s——沿构件长度方向的箍筋间距；

λ——计算截面的剪跨比，可取 $\lambda=a/h_0$，a 为集中荷载作用点至支座的距离，当 $\lambda<1.5$ 时，取 $\lambda=1.5$，当 $\lambda>3$，取 $\lambda=3$。

2. 开裂荷载理论值的计算

参照《水工混凝土结构设计规范》（SL 191—2008），钢筋混凝土受剪构件的开裂剪力计算公式如式（4-15）所示。

$$V_{cr}=\frac{1.8bh_{0}f_{tk}}{\lambda+1.3} \tag{4-15}$$

3. 初始等效荷载的计算

初始等效荷载是考虑构件、分配梁和荷载传感器的自重而得到的等值，将实验梁均布自重按剪力等效折算为集中自重 $P_{梁}$（混凝土容重取 25 kN/m³），具体计算如式（4-16）和式（4-17）所示。

$$P_{梁}=0.5q_{自}L \tag{4-16}$$

$$P_{eq}=2P_{梁}+P_{分配梁}+P_{荷载传感器} \qquad (4\text{-}17)$$

式中：$q_{自}$——自重荷载；

L——梁的跨径；

$P_{梁}$——等效集中自重；

$P_{分配梁}$——分配梁自重；

$P_{荷载传感器}$——荷载传感器自重；

P_{eq}——初始等效荷载。

初始等效荷载计算见图 4-11。

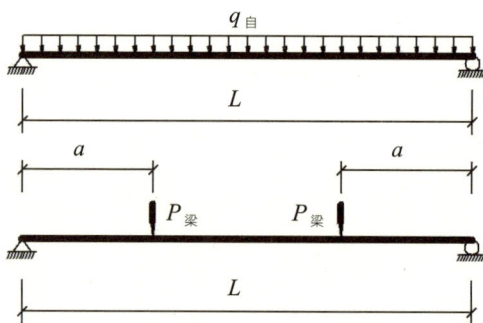

图 4-11　初始等效荷载计算简图

4.3.7　思考题

①梁的变形规律如何，箍筋和混凝土是如何发挥抗剪作用的？

②该梁的破坏形态如何，产生这种形态的破坏的原因是什么？

③该梁达到极限承载状态的标志是什么，实验结果是否符合预期，原因是什么？

④根据该梁的抗裂校验系数和承载力校验系数，分析实验值与理论计算值存在差异的原因。

⑤说出对有关实验的体会：例如实验中应注意什么，怎样才能保证实验成功，对本次实验应作哪些改进以促进和提高实验的精确程度，等等。

4.3.8　数据记录与结果处理

这里仅列两张表：数据记录表（表 4-7）、数据处理表（表 4-8）。

表 4-7　数据记录表

级数	千斤顶荷载 F/kN	百分表读数			手持式引伸仪读数		箍筋应变		混凝土受压应变	开裂情况
		左	中	右	左	右	左	右		
初读数										
1										
2										
3										
4										
5										
6										
7										
8										
9										
10										
11										
12										
13										
14										
15										
16										

注：开裂情况一栏中，如无裂缝则写无，有裂缝则写：有缝，条数，W_{max} 三项内容。

表 4-8 数据处理表

级数	总荷载 P/kN	梁端剪力 V/kN	跨中挠度 /mm		斜截面应变实测值 ε_{cv0}/(10^{-6})		斜截面应变修正值 ε_{cv}/(10^{-6})		箍筋应变修正值 ε_{sv}/(10^{-6})		混凝土受压应变修正值 ε_c/(10^{-6})
			实测值 f_0	修正值 f	左	右	左	右	左	右	
初读数											
1											
2											
3											
4											
5											
6											
7											
8											
9											
10											
11											
12											
13											
14											
15											
16											

注：$P=F+P_{eq}$

修正值 $X_i = X_{0i} + X_{01} \times P_{eq}/F_1$（$X$ 代表修正值，X_0 代表实测值，i 为级数）

4.4 钢筋混凝土短柱偏心受压性能实验

4.4.1 实验目的

①通过实验掌握钢筋混凝土短柱偏心受压实验的实验方法和操作程序。

②通过实验了解钢筋混凝土偏心受压柱破坏的全过程。

③通过实验了解钢筋混凝土偏心受压柱的受力特点，加深对大、小偏心受压柱不同破坏过程和特征的理解。

4.4.2 实验仪器及设备

实验仪器及设备包括：①静态电阻应变仪；②力传感器；③百分表或电子百分表；④手持式引伸仪（标距 10 cm）；⑤手动油泵；⑥千斤顶（最大荷载质量为 30 t，自重 0.5 kN/个，已悬挂）；⑦裂缝观测仪。

4.4.3 实验方案

1. 实验柱的配筋设计

受偏压实验柱的配筋如图 4-12 所示。

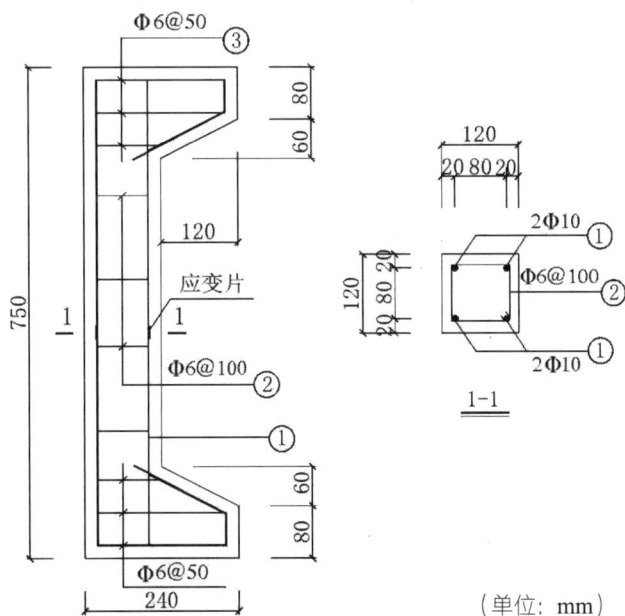

图 4-12 受偏压实验柱配筋图

2. 需要测定材料特性的实验材料

①受压主筋①号筋采用直径 10 mm 的 HPB300 钢筋，实验前预留三根长 500 mm 的钢筋，用于测试其应力 – 应变关系。

②混凝土按 C25 配合比制作，在浇筑混凝土时，同时浇筑三个 150 mm×150 mm×150 mm 的立方体试块，用于测定混凝土的强度等级。

3. 实验柱的加载及仪表布置

①将实验柱支承于台座上，通过单刀铰支座加载（大偏心受压，e_0=100 mm；小偏心受压，e_0=20 mm），由力传感器读取荷载读数。

②在柱两端和中部侧向各布置一个百分表。

③在柱中部侧面布置三排应变引伸仪测点。

④在柱中部受压侧布置一个应变片。

⑤在柱中部受力主筋上各布置一个应变片，共计四个。受偏压实验柱加载测试方案如图 4-13 所示。

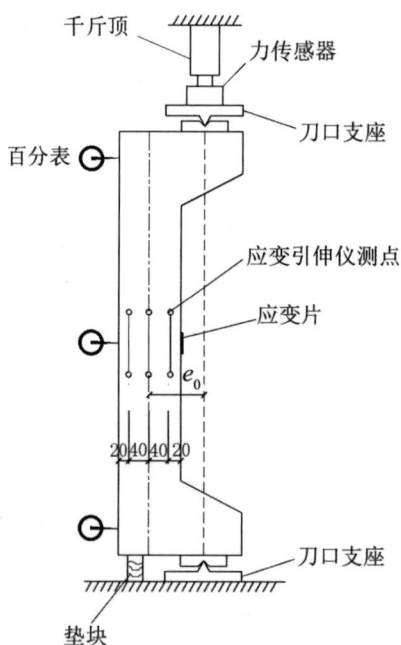

图 4-13 受偏压实验柱加载测试方案示意图

4. 实验测量数据内容

①各级荷载下实验柱端部和中部的侧向位移。

②各级荷载下受力主筋的应变和混凝土受压边缘的压应变。

③各级荷载下实验柱中部受压区混凝土应变。

④记录、观察柱的开裂荷载和开裂后各级荷载下裂缝的开展情况（包括裂缝分布和最大裂缝宽度 W_{max}）。

⑤记录柱的破坏荷载和混凝土极限压应变。

4.4.4 实验步骤

1. 实验准备

①试件的制作。

②混凝土和钢筋力学性能实验（限于时间这部分由教师完成）。

③用稀石灰将试件两侧刷白，用铅笔画 40 mm×100 mm 的方格线（以便观测裂缝），粘贴应变引伸仪铜柱。

④把实验分为两组，分别进行大偏心受压实验和小偏心受压实验。实验前根据实验柱的截面尺寸、配筋数量和材料强度标准值和偏心距计算实验柱的承载力。

2. 实验加载

①由教师预先安装或在教师指导下由学生安装实验柱，布置安装实验仪表。要求实验柱垂直、稳定、荷载着力点位置正确、接触良好，并作好实验柱的安全保护工作。

②对实验柱进行预加载，利用力传感器进行控制，加荷值可取破坏荷载的 10%，分三级加载，每级稳定时间为 1 分钟，然后卸载，加载过程中检查实验仪表是否正常。

③调整仪表并记录仪表初读数。

④按估算极限荷载值的 10% 左右对实验柱分级加载，相邻两次加载的时间间隔为 2～3 分钟。在每级加载后的间歇时间内，认真观察实验柱上是否出现裂缝，加载持续 2 分钟后记录电阻应变仪、百分表和手持式引伸仪的读数。

⑤当达到实验柱极限荷载的 90% 时，改为按估算极限荷载的 5% 进行加载，直至实验柱达到极限承载状态，记录实验柱承载力实测值。

⑥当实验柱出现明显较大的裂缝时，撤去百分表，加载到实验柱完全破坏，记录混凝土应变最大值和荷载最大值。

⑦卸载，记录实验柱破坏时裂缝的分布情况。

3. 人员分工

每组实验设总指挥 1 人，负责观察现场实测数据、判断构件的受力阶段和决定加载的程序；实验加载 1 人，负责控制电动油泵站或手动油泵，根据力传感器的读数稳定每级加载量；测读电阻应变仪 1 人，负责检查和调试电阻应变仪，测读并记录各个电阻应变片的读数；测读手持式引伸仪 1 人，负责测读并记录手持式引伸仪的读数；测读百分表 1 人，负责测读并记录百分表读数；观察裂缝 2 人，负责观测裂缝的开展情况，并对裂缝进行描绘。

4.4.5 数据处理

①根据实验过程中记录的百分表读数，计算各级荷载作用下实验柱中部的实测挠度值，作出压力和跨中挠度 P-f 对比曲线。

②根据实验过程中记录的受压主筋的应变仪读数，作出压力和主筋应变 P-ε_s 对比曲线。

③根据实验过程中记录的受压混凝土的应变仪读数，作出压力和受压混凝土应变 P-ε_c 对比曲线。

④根据实验过程中记录的手持式引伸仪读数，计算测量标距范围内混凝土的平均应变值，作出实验柱平均应变沿侧向高度的分布图，并进行对比。

⑤根据实验中记录的数据，计算实验柱的开裂压力和破坏压力，并与相关理论计算结果进行对比。

⑥绘制实验柱裂缝分布图。

4.4.6 实验理论计算的参考公式

参照《混凝土结构设计标准(2024年版)》(GB/T 50010—2010)的规定,对于大偏心受压构件,计算正截面受压承载力 N_u 的基本公式如式（4-18）和式（4-19）所示。

$$\begin{cases} N_u = \alpha_1 f_{ck} bx + f'_{yk} A'_s - f_{yk} A_s \\ N_u e = \alpha_1 f_{ck} bx(h_0 - \dfrac{x}{2}) + f'_{yk} A'_s (h_0 - a'_s) \end{cases} \quad (4\text{-}18)$$

$$e = e_0 + \frac{h}{2} - a_s \qquad (4\text{-}19)$$

式中：α_1——系数，当混凝土强度等级不超过 C50 时，α_1 取为 1.0；

f_{ck}——混凝土轴心抗压强度标准值，采用材料性能实验结果；

b——矩形截面的宽度；

h_0——截面有效高度，纵向受压钢筋合力点至截面受压边缘的距离；

x——混凝土受压区高度；

f_{yk}——受拉主筋抗拉强度标准值，采用材料性能实验结果；

f'_{yk}——受压主筋抗压强度标准值，可取 $f'_{yk}=f_{yk}$；

A_s——受拉区纵向主筋的截面面积；

A'_s——受压区纵向主筋的截面面积；

a_s——受拉区全部纵向钢筋合力点至截面受压边缘的距离，取 $a_s = 20$ mm；

a'_s——受压区全部纵向钢筋合力点至截面受压边缘的距离，取 $a'_s = 20$ mm；

e_0——实验柱的偏心距。

对于小偏心受压构件，计算正截面受压承载力 N_u 的基本公式如式（4-20）~式（4-23）所示。

$$\begin{cases} N_u = \alpha_1 f_{ck} bx + f'_{yk} A'_s - \sigma_{sk} A_s \\ N_u e = \alpha_1 f_{ck} bx \left(h_0 - \dfrac{x}{2}\right) + f'_{yk} A'_s (h_0 - a'_s) \end{cases} \qquad (4\text{-}20)$$

$$e = e_0 + \frac{h}{2} - a_s \qquad (4\text{-}21)$$

$$\sigma_{sk} = f_{yk} \frac{\xi - \beta_1}{\xi_b - \beta_1} \qquad (4\text{-}22)$$

$$\xi = \frac{x}{h_0}, \quad \xi_b = \frac{\beta_1}{1 + \dfrac{f_{yk}}{E_s \, \varepsilon_{cu}}} \qquad (4\text{-}23)$$

式中：β_1——系数，当混凝土强度等级不超过 C50 时，β_1 取为 0.8；

ξ_b——相对界限受压区高度；

E_s——钢筋弹性模量，对 HPB300 钢筋取 $E_s = 2.1 \times 10^5$ N/mm^2；

ε_{cu}——正截面的混凝土极限压应变，当混凝土强度等级不超过 C50 时取 0.0033。

4.4.7 思考题

①柱的变形规律如何，受力主筋和混凝土是如何发挥抗偏压作用的？

②该柱的破坏形态如何，产生这种形态的破坏的原因是什么？

③该柱达到极限承载状态的标志是什么，实验结果是否符合预期，原因是什么？

④说出对有关实验的体会：例如实验中应注意什么，怎样才能保证实验成功，对本次实验应作哪些改进以促进和提高实验的精确程度，等等。

4.4.8 数据记录与结果处理

这里仅列两张表：数据记录表（表 4-9）、数据处理表（表 4-10）。

表 4-9　数据记录表

级数	千斤顶荷载 F/kN	百分表读数			手持式引伸仪读数			主筋应变				混凝土受压应变	开裂情况
		上	中	下	左	中	右	1	2	3	4		
初读数													
1													
2													
3													
4													
5													
6													
7													
8													
9													
10													
11													
12													
13													
14													
15													
16													

注：开裂情况一栏中，如无裂缝则写无，有裂缝则写：有缝，条数，W_{max} 三项内容。

表 4-10 数据处理表

级数	总压力 P/kN	总弯矩 M/ (kN·m)	跨中挠度 f/mm	侧面应变 δ/ (10^{-6})			主筋平均应变 ε_s/ (10^{-6})		混凝土 受压应变 ε_c/ (10^{-6})
				左	中	右	靠近偏心受压一侧	远离偏心受压一侧	
初读数									
1									
2									
3									
4									
5									
6									
7									
8									
9									
10									
11									
12									
13									
14									
15									
16									

4.5 钢筋混凝土梁受纯扭性能实验

4.5.1 实验目的

①通过实验初步掌握钢筋混凝土梁受纯扭性能实验的实验方法和操作程序。

②通过实验了解钢筋混凝土梁受纯扭破坏的全过程。

③通过实验加深对钢筋混凝土梁受纯扭变形性能和裂缝开展规律的理解。

4.5.2 实验仪器及设备

实验仪器及设备包括：①静态电阻应变仪；②力传感器；③百分表或电子百分表；④手持式引伸仪（标距 10 cm）；⑤动油泵；⑥千斤顶（最大荷载质量为 5 t，自重 0.3 kN/ 个，已悬挂）；⑦裂缝观测仪；⑧ DP-360 数显倾角仪；⑨扭转臂（自重 0.15 kN）。

4.5.3 实验方案

1. 实验梁的配筋设计

受纯扭实验梁的配筋如图 4-14 所示。

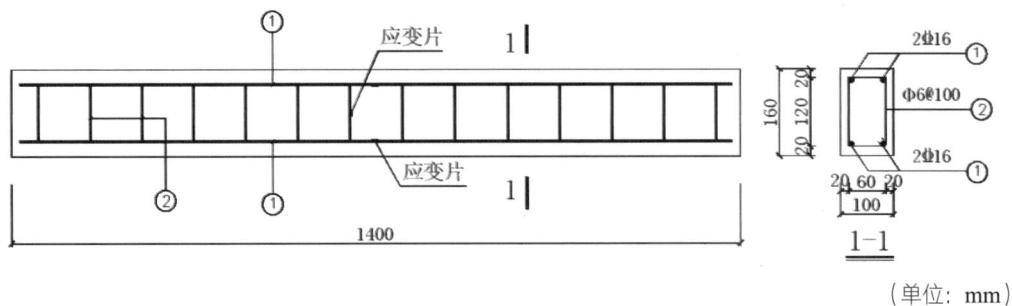

（单位：mm）

图 4-14　受纯扭实验梁配筋图

2. 需要测定材料特性的实验材料

①受力主筋①号筋采用直径 16 mm 的 HRB400 钢筋，受力箍筋②号筋采用直径 6 mm 的 HPB300 钢筋，实验前均预留三根长 500 mm 的钢筋，用于测试其应力 – 应变关系。

②混凝土按 C30 配合比制作，在浇筑混凝土时，同时浇筑三个 150 mm×150 mm×150 mm 的立方体试块，用于测定混凝土的强度等级。

3. 实验梁的加载及仪表布置

①将实验梁支承于台座上，通过扭转臂加载，由力传感器读取荷载读数。

②在梁两端上表面各布置一个倾角仪。

③在梁中部箍筋上布置两个应变片。

④在梁中部受力主筋上各布置一个应变片，共计四个。

⑤在梁中部两个侧面交叉斜向布置手持式引伸仪测点，共计八个。受扭实验梁加载测试方案如图 4-15 所示。

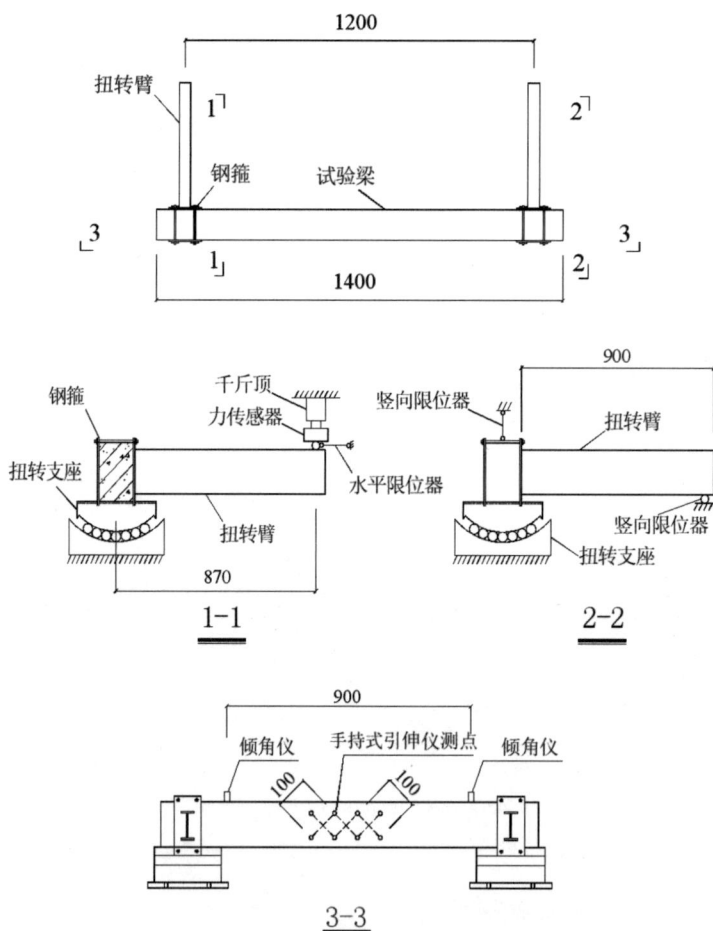

图 4-15　受扭实验梁加载测试方案示意图

4. 实验测量数据内容

①各级荷载下实验梁两端两个倾角仪的读数。

②各级荷载下受力主筋的应变和箍筋的应变。

③各级荷载下实验梁侧面的斜向混凝土应变。

④记录、观察梁的开裂荷载和开裂后各级荷载下裂缝的开展情况（包括裂缝分布和最大裂缝宽度 W_{max}）。

4.5.4 实验步骤

1. 实验准备

①试件的制作。

②混凝土和钢筋力学性能实验（限于时间这部分由教师完成）。

③用稀石灰将试件两侧刷白，用铅笔画 40 mm×100 mm 的方格线（以便观测裂缝），粘贴应变引伸仪铜柱。

④根据实验梁的截面尺寸、配筋数量和材料强度标准值计算实验梁的极限扭矩和开裂扭矩。

2. 实验加载

①由教师预先安装或在教师指导下由学生安装实验梁，布置安装实验仪表。

②对实验梁进行预加载，利用力传感器进行控制，加荷值可取开裂荷载的 50%，分三级加载，每级稳定时间为 1 分钟，然后卸载，加载过程中检查实验仪表是否正常。

③调整仪表并记录仪表初读数。

④按估算极限荷载的 10% 左右对实验梁分级加载，相邻两次加载的时间间隔为 2 ~ 3 分钟。在每级加载后的间歇时间内，认真观察实验梁上是否出现裂缝，加载持续 2 分钟后记录电阻应变仪、倾角仪和手持式引伸仪的读数。

⑤当达到实验梁开裂荷载的 90% 时，改为按估算极限荷载的 5% 进行加载，直至实验梁上出现第一条裂缝，在实验梁表面对裂缝的走向和宽度进行标记，记录开裂荷载。

⑥开裂后按原加载分级进行加载，相邻两次加载的时间间隔为 3 ~ 5 分钟。在每级加载后的间歇时间内，认真观察实验梁上原有裂缝的开展和新裂缝的出现等情况并进行标记，记录电阻应变仪、倾角仪和手持式引伸仪的读数。

⑦当达到实验梁破坏荷载的 90% 时，改为按估算极限荷载的 5% 进行加载，直至实验梁达到极限承载状态，记录实验梁承载力实测值。

⑧当实验梁出现明显较大的裂缝时撤去倾角仪，加载到实验梁完全破坏，记录扭矩最大值。

⑨卸载，记录实验梁破坏时裂缝的分布情况。

3. 人员分工

实验设总指挥 1 人，负责观察现场实测数据、判断构件的受力阶段和决定加载的程序；实验加载 1 人，负责控制电动油泵站或手动油泵，根据力传感器的读数稳定每级加载量；测读电阻应变仪 1 人，负责检查和调试电阻应变仪，测读并记录各个电阻应变片的读数；测读手持式引伸仪 1 人，负责测读并记录手持式引伸仪的读数；测读倾角仪 1 人，负责测读并记录倾角仪读数；观察裂缝 2 人，负责观测裂缝的开展情况，并对裂缝进行描绘。

4.5.5 数据处理

①根据实验过程中记录的倾角仪读数，计算各级荷载作用下实验梁的实测转角值，作出扭矩和线扭角 $T\text{-}\theta$ 曲线。

②根据实验过程中记录的受力主筋的应变仪读数，作出扭矩和主筋应变 $T\text{-}\varepsilon_{s}$ 曲线。

③根据实验过程中记录的箍筋的应变仪读数，作出扭矩和箍筋应变 $T\text{-}\varepsilon_{st}$ 曲线。

④根据实验过程中记录的手持式引伸仪读数，作出扭矩和斜向应变 $T\text{-}\varepsilon_{sv}$ 曲线。

⑤根据实验中实测的实验梁开裂荷载和破坏荷载，计算实验梁的抗裂校验系数和承载力校验系数。

⑥绘制实验梁裂缝分布图。

4.5.6 实验理论计算的参考公式

1. 承载力计算

参照《混凝土结构设计标准（2024 年版）》（GB/T 50010—2010）的规定，钢筋混凝土纯扭构件受扭承载力 T_u 按式（4-24）~式（4-28）计算。

$$T_u = 0.35 f_{tk} W_t + 1.2\sqrt{\zeta}\, \frac{A_{st1} f_{yvk}}{s} A_{cor} \tag{4-24}$$

$$W_t = \frac{b^2}{6}(3h-b) \tag{4-25}$$

$$A_{cor} = (b-2c)(h-2c) \tag{4-26}$$

$$\zeta = \frac{A_{stl}f_{yk}s}{A_{st1}f_{yvk}u_{cor}} \tag{4-27}$$

$$u_{cor} = 2[(b-2c)+(h-2c)] \tag{4-28}$$

式中：f_{tk}——混凝土轴心抗拉强度标准值，采用材料性能实验结果；

    b——矩形截面的宽度；

    h——矩形截面的高度；

    W_t——矩形截面扭转抵抗矩；

    c——混凝土净保护层厚度，取 c=15 mm；

    ζ——受扭的纵向钢筋与箍筋的配筋强度比值，当 ζ>1.7 时，取 ζ = 1.7，当 ζ<0.6 时，取 ζ = 0.6；

    s——沿构件长度方向的箍筋间距；

    f_{yk}——受拉主筋抗拉强度标准值，采用材料性能实验结果；

    f_{yvk}——箍筋抗拉强度标准值，采用材料性能实验结果；

    A_{stl}——受扭纵向钢筋的总面积（取对称布置的那部分纵向钢筋的截面面积）；

    A_{st1}——单肢箍筋的截面面积；

    A_{cor}——混凝土核心区面积；

    u_{cor}——混凝土核心区周长。

2. 开裂荷载计算

参照《混凝土结构设计标准（2024 年版）》（GB/T 50010—2010）的规定，钢筋混凝土纯扭构件开裂扭矩 T_{cr} 按式（4-29）计算。

$$T_{cr} = 0.7f_{tk}W_t \tag{4-29}$$

4.5.7 思考题

①纯扭实验梁的变形规律如何，钢筋和混凝土是如何发挥抗扭作用的？

②该梁的破坏形态如何，产生这种形态的破坏的原因是什么？

③根据该实验梁的承载力校验系数和抗裂校验系数，分析实验值与理论计算值存在差异的原因，并对实验梁的质量进行评价。

④梁达到受扭极限承载状态的标志是什么，实验结果是否符合预期，原因是什么？

4.5.8 数据记录与结果处理

这里仅列两张表：数据记录表（表4-11）、数据处理表（表4-12）。

表 4-11　数据记录表

级数	千斤顶荷载 F/kN	倾角仪读数 左	倾角仪读数 右	手持式引伸仪读数 1	手持式引伸仪读数 2	手持式引伸仪读数 3	手持式引伸仪读数 4	手持式引伸仪读数 5	手持式引伸仪读数 6	主筋应变 1	主筋应变 2	主筋应变 3	主筋应变 4	箍筋应变 1	箍筋应变 2	开裂情况
初读数																
1																
2																
3																
4																
5																
6																
7																
8																
9																
10																
11																
12																
13																
14																
15																
16																

注：开裂情况一栏中，如无裂缝则写无，有裂缝则写：有缝，条数，W_{max} 三项内容。

表 4-12 数据处理表

级数	总扭矩 T/(kN·m)	扭转角 φ/ (°)	侧面平均应变 δ/ (10^{-6})		主筋应变平均值 ε_s/ (10^{-6})	箍筋应变平均值 ε_{sv}/ (10^{-6})
			45° 斜向应变	-45° 斜向应变		
初读数						
1						
2						
3						
4						
5						
6						
7						
8						
9						
10						
11						
12						
13						
14						
15						
16						

4.6 后张预应力钢筋混凝土梁受弯性能实验

4.6.1 实验目的

①通过实验初步掌握后张预应力钢筋混凝土梁受弯性能实验的实验方法和操作程序。

②通过实验了解预应力钢筋混凝土梁受弯破坏的全过程。

③通过实验加深对预应力钢筋混凝土梁正截面受力特点、变形性能和裂缝开展规律的理解。

4.6.2 实验仪器及设备

实验仪器及设备包括：①静态电阻应变仪；②力传感器；③百分表或电子百分表；④手持式引伸仪（标距 10 cm）；⑤手动油泵；⑥千斤顶（最大荷载质量为 10 t，自重 0.3 kN/ 个，已悬挂）；⑦裂缝观测仪；⑧工字钢分配梁（自重 0.1 kN/ 根）。

4.6.3 实验方案

1. 实验梁的设计

预应力受弯实验梁的配筋如图 4-16 所示。

实验梁配筋与适筋梁相同，预应力钢筋两端预制螺纹，预应力筋外包波纹管在浇筑混凝土时埋入梁中，待混凝土凝固后两端加垫板和螺母，通过扳手旋紧螺母施加预应力。

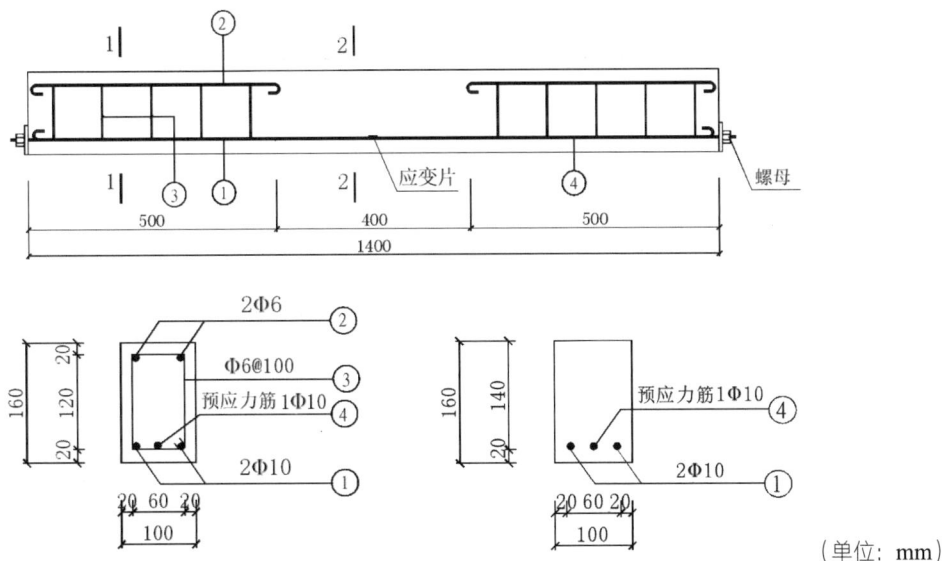

图 4-16　预应力受弯实验梁配筋图

2. 需要测定材料特性的实验材料

①受拉主筋①号筋和预应力筋④号筋采用直径 10 mm 的 HPB300 钢筋，实验前预留三根长 500 mm 的钢筋，用于测试其应力 – 应变关系。

②混凝土按 C30 配合比制作，在浇筑混凝土时，同时浇筑三个 150 mm×150 mm×150 mm 的立方体试块，用于测定混凝土的强度等级。

3. 实验梁的加载及仪表布置

①将实验梁支承于台座上，通过千斤顶和分配梁施加两点荷载，由力传感器读取荷载读数。

②在梁支座和跨中各布置一个百分表。

③在跨中梁侧面布置四排手持式引伸仪测点。

④在跨中梁上表面布置一个应变片。

⑤在跨中受拉主筋中间位置各预埋一个应变片。

⑥在预应力筋中间位置预埋一个应变片。预应力受弯实验梁加载测试方案如图 4-17 所示。

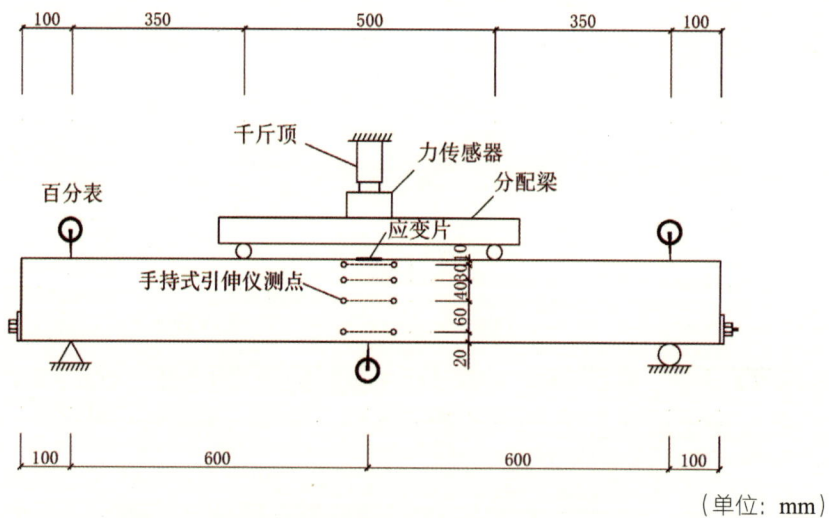

（单位：mm）

图 4-17　预应力受弯实验梁加载测试方案示意图

4. 实验测量数据内容

①各级荷载下支座沉降与跨中的位移。

②各级荷载下主筋和预应力筋的拉应变及混凝土受压边缘的压应变。

③各级荷载下梁跨中上边纤维、中间纤维、受拉筋处纤维的混凝土应变。

④记录、观察梁的开裂荷载和开裂后各级荷载下裂缝的开展情况（包括裂缝分布和最大裂缝宽度 W_{max}）。

⑤记录梁的破坏荷载、极限荷载和混凝土极限压应变。

4.6.4 实验步骤

1. 实验准备

①试件的制作。

②混凝土和钢筋力学性能实验（限于时间这部分由教师完成）。

③用稀石灰将试件两侧刷白，用铅笔画 40 mm×100 mm 的方格线（以便观测裂缝），粘贴手持式引伸仪测点。

④根据实验梁的截面尺寸、配筋数量和材料强度标准值计算实验梁的承载力和开裂荷载。

2. 实验加载

①由教师预先安装或在教师指导下由学生安装实验梁，布置安装实验仪表。

②对实验梁进行预加载，利用力传感器进行控制，加荷值可取开裂荷载的 50%，分三级加载，每级稳定时间为 1 分钟，然后卸载，加载过程中检查实验仪表是否正常。

③调整仪表并记录仪表初读数。

④拧紧梁端螺母，直至预应力筋的应变值达到 600 με，记录此时百分表和手持式引伸仪的读数。

⑤按估算极限荷载的 10% 左右对实验梁分级加载（第一级应考虑梁自重和分配梁的自重），相邻两次加载的时间间隔为 2 ~ 3 分钟。在每级加载后的间歇时间内，认真观察实验梁上是否出现裂缝，加载持续 2 分钟后记录电阻应变仪、百分表和手持式引伸仪的读数。

⑥当达到实验梁开裂荷载的 90% 时，改为按估算极限荷载的 5% 进行加载，直至实验梁上出现第一条裂缝，在实验梁表面对裂缝的走向和宽度进行标记，记录开裂荷载。

⑦开裂后按原加载分级进行加载，相邻两次加载的时间间隔为 3 ~ 5 分钟。在每级加载后的间歇时间内，认真观察实验梁上原有裂缝的开展和新裂缝的出现等情况并进行标记，记录电阻应变仪、百分表和手持式引伸仪的读数。

⑧当达到实验梁破坏荷载的 90% 时，改为按估算极限荷载的 5% 进行加载，直至实验梁达到极限承载状态，记录实验梁承载力实测值。

⑨当实验梁出现明显较大的裂缝时，撤去百分表，加载到实验梁完全破坏，记录混凝土应变最大值和荷载最大值。

⑩卸载，记录实验梁破坏时裂缝的分布情况。

3. 人员分工

实验设总指挥 1 人，负责观察现场实测数据、判断构件的受力阶段和决定加载的程序； 实验加载 1 人，负责控制电动油泵站或手动油泵，根据力传感器的读数稳定每级加载量；测读电阻应变仪 1 人，负责检查和调试电阻应变仪，测读并记录各个电阻应变片的读数； 测读手持式引伸仪 1 人，负责测读并记录手持式引伸仪的读数；测读百分表 1 人，负责测读并记录百分表读数；观察裂缝 2 人，负责观测裂缝的开展情况，并对裂缝进行描绘。

4.6.5 数据处理

①根据实验过程中记录的百分表读数，计算各级荷载作用下实验梁的实测跨中挠度值，作出跨中弯矩和挠度 $M\text{-}f$ 曲线。

②根据实验过程中记录的受力主筋的应变仪读数，计算实验梁跨中的钢筋应变平均值，作出跨中弯矩和主筋应变 $M\text{-}\varepsilon_s$ 曲线。

③根据实验过程中记录的预应力筋的应变仪读数，作出跨中弯矩和预应力筋应变 $M\text{-}\varepsilon_{sp}$ 曲线。

④根据实验过程中记录的受压混凝土的应变仪读数，作出跨中弯矩和受压混凝土应变 $M\text{-}\varepsilon_c$ 曲线。

⑤根据实验过程中记录的手持式引伸仪读数，计算测量标距范围内混凝土的平均应变值，作出实验梁平均应变沿梁高度的分布图。

⑥绘制裂缝分布图。

4.6.6 思考题

①该梁的变形规律如何，预应力钢筋对梁变形性能有何影响？

②该梁的破坏形态如何，预应力钢筋对梁极限承载力有何影响？

③该梁的裂缝开展形态如何，预应力钢筋对提高梁的抗裂性能有何影响？

④预应力钢筋混凝土梁受弯时是否符合平截面假定？

4.6.7 数据记录与结果处理

这里仅列两张表：数据记录表（表 4-13）、数据处理表（表 4-14）。

表 4-13 数据记录表

级数	千斤顶荷载 F/kN	百分表读数			手持式引伸仪读数				主筋应变		预应力筋应变	混凝土受压应变	开裂情况
		左	中	右	上	中₁	中₂	下	1	2			
初读数													
1													
2													
3													
4													
5													
6													
7													
8													
9													
10													
11													
12													
13													
14													
15													
16													

注：开裂情况一栏中，如无裂缝则写无，有裂缝则写：有缝，条数，W_{max} 三项内容。

表 4-14 数据处理表

级数	总荷载 P/kN	跨中弯矩 M/(kN·m)	跨中挠度/mm		侧面应变实测值 δ/ (10^{-6})				主筋应变修正值 ε_s/ (10^{-6})			预应力筋应变 修正值 ε_{sp}/ (10^{-6})	混凝土受压应变 修正值 ε_c/ (10^{-6})
			实测值 f_0	修正值 f	上	中 $_1$	中 $_2$	下	1	2	平均		
初读数													
1													
2													
3													
4													
5													
6													
7													
8													
9													
10													
11													
12													
13													
14													
15													
16													

注：$P=F+P_{eq}$

修正值 $X_i=X_{0i}+X_{01}\times P_{eq}/F_1$（$X$ 代表修正值，X_0 代表实测值，i 为级数）

5

钢筋混凝土结构虚拟仿真实验指导

5.1 虚拟仿真实验概述

随着互联网技术的快速发展，高等教育的教学模式也发生了重大改变，线上开放课程、在线视频课程和虚拟仿真平台共享课程不断涌现，已然成为近几年高等教育界的研究热点。作为实验教学的线上方式，虚拟仿真实验平台有效弥补了传统实验教学在可操作性、形象性和信息显示等方面的缺陷，给广大学子提供了广阔的学习平台。

2019 年浙江大学钢筋混凝土结构受力破坏虚拟仿真实验正式入驻国家虚拟仿真实验教学课程共享平台，向全国开放。该虚拟仿真实验借助 3D 仿真和虚拟现实技术全景呈现实验构件制作过程、实验构件安装过程、实验加载及数据处理分析过程，融合三维有限元分析和大量实体实验数据再现不同配筋情况下和多种加载条件下钢筋混凝土结构力学性能和破坏形态，系统设计了梁正截面受弯破坏实验、梁斜截面受剪破坏实验和柱偏心受压破坏实验的虚拟仿真全过程实验，引导学生全面了解钢筋混凝土结构受力破坏的全过程、全面掌握结构实验方法和实际操作技巧、通过对不同构件实验结果的对比了解结构受力破坏的机理，在不断的互动环节中全方位培养学生的能力，切实提高教学实效。

本章从钢筋混凝土结构受力破坏虚拟仿真实验登录、启动和软件界面介绍，钢筋混凝土结构构件制作安装虚拟仿真，钢筋混凝土梁受弯破坏虚拟仿真，钢筋混凝土梁受剪破坏虚拟仿真，钢筋混凝土柱受偏压破坏虚拟仿真五个方面全面介绍该系统的功能和实验操作方法，为学生自主开展线上实验提供指导。

5.2 登录、启动和软件界面介绍

5.2.1 登录

本实验由浙江大学开发，可以通过实验空间—国家虚拟仿真实验教学课程共享平台（https://www.ilab-x.com）访问。学生需要先注册实验空间账户，登录后搜索"钢筋混凝土结构受力破坏虚拟仿真实验"（图 5-1）点击进入，点击"我要做实验"（图 5-2）可跳转至实验入口。教师如需要掌握学生实验成绩情况，需要在实验空间新建课程和班级，学生加入班级后，教师可通过后台管理功能汇总学生成绩等信息。

图 5-1　实验空间实验封面

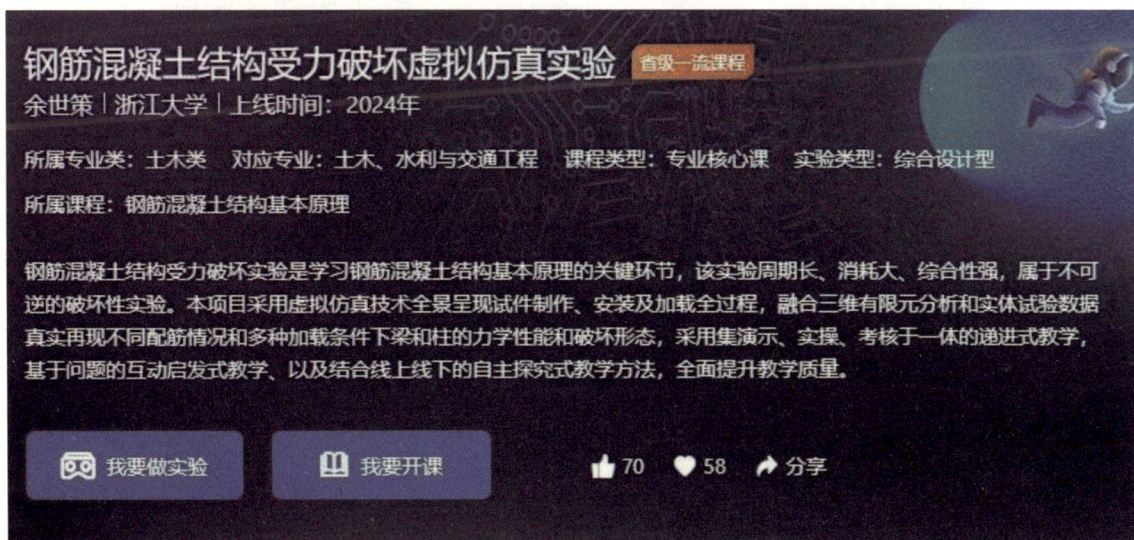

图 5-2　实验介绍及实验入口

5.2.2　界面及通用操作方法

点击实验台右下角的放大键，全屏显示，待实验载入后即可进入混凝土结构受力破坏虚拟仿真实验界面（图 5-3）。实验平台包括混凝土梁正截面抗弯实验、混凝土梁斜截面受剪实验、混凝土柱受偏压实验三种类型实验。

实验用键盘和鼠标操作，键盘 W、A、S、D 键和方向键为移动方向键，鼠标右键为俯仰转身键，鼠标左键为操作键（图 5-4）。实验考核完成后，请先点击"统计"按钮进入界面后再点击右上角"提交报告"按钮来提交报告，看到报告提交成功后按 Esc 键退出全屏，待实验台下方的实验报告更新后点下方"提交"按钮提交成绩，否则成绩无效。实验报告需要到实验空间个人成绩查看记录表中下载,完成一次实验即可下载一份报告。

　本虚拟仿真实验平台为每种类型实验设置了 5 个模块,包括实验原理与方案、试件设计、教学演示、实操练习、模拟考核(图 5-5)。

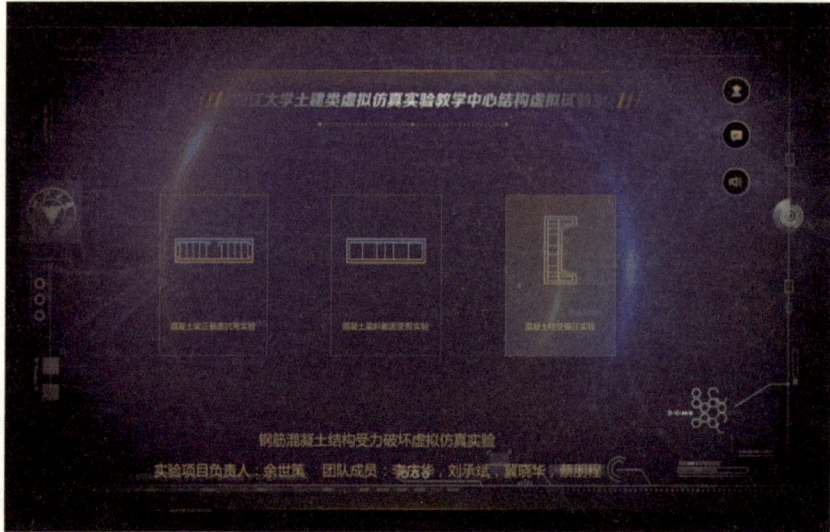

图 5-3　初始界面图

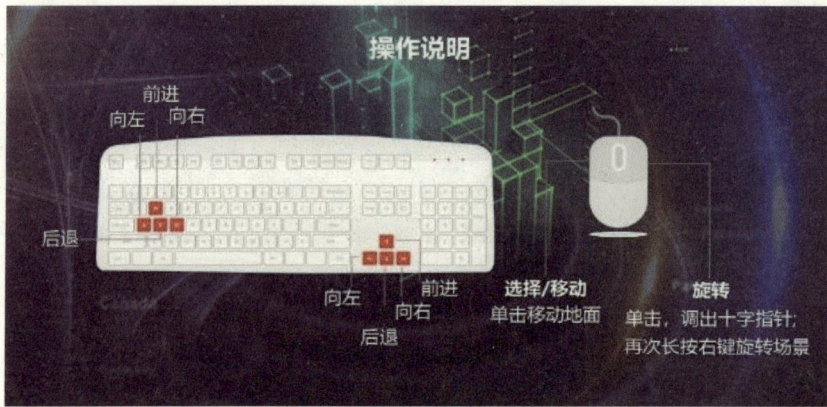

图 5-4　操作说明

图 5-5　虚拟仿真平台交互式模块设计

各模块的功能如下：

①实验原理与方案：该模块类似于实验教材，内含实验原理和实验方案两个部分。实验原理包括基础理论知识、计算方法等；实验方案即实验指导书，有实验目的、实验仪器、实验内容、试件设计方案、加载装置及仪表布置方案、加载方案及实验测量方案等。

②试件设计：该模块用于选择开展实验的具体构件，每个构件的信息包括配筋图、钢筋应力应变曲线、材料计算参数、理论估算结果等。

③教学演示：该模块用于实验全过程的演示，包括构件制作演示、安装过程演示、加载过程演示，且演示模块配有标准语音和文字提示，按实验步骤一步一步指导学生完成整个实验。

④实操练习：该模块用于实验全过程的操作练习，包括构件制作实操、安装过程实操、加载过程实操，且实操模块配有标准语音和文字提示，同时对操作目标进行箭头指示，引导学生进行操作练习。

⑤模拟考核：该模块用于实验全过程的模拟考核，包括构件制作考核、安装过程考核、加载过程考核、原理考核，且考核模块配有文字提示。学生需要在规定时间内自行完成全部实验步骤，实验完成后自动撰写实验报告，包括实验目的、原理、实验数据处理和结果、实验结论以及对该实验设计的评价和建议，提交给老师评阅。教学演示、实操练习和模拟考核三种递进模式对比见图5-6。

学生在进行实验操作前须学习实验原理和实验方案（图5-7），并进行实验构件设计参数选择（图5-8）。通过浏览实验原理和实验方案，学生回顾相关专业知识，了解实验的背景和目的，并通过实验构件设计参数选择提前了解构件的基本情况、材料的力学特征等。接着学生应学习教学演示内容，进行实操练习，最后进行模拟考核。

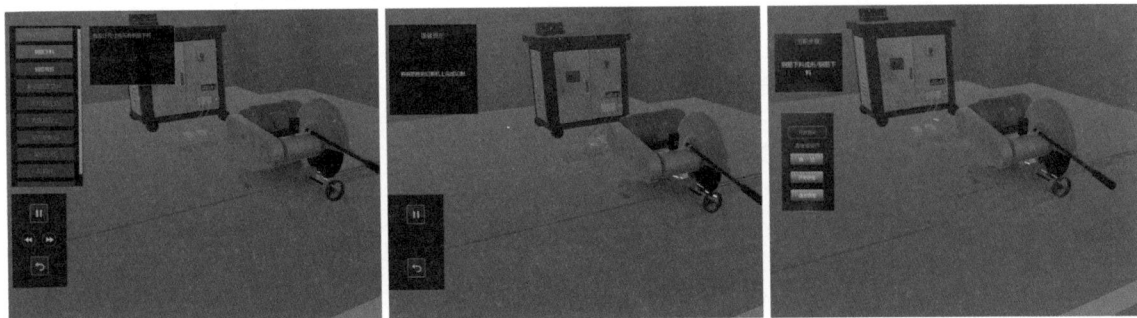

图 5-6 教学演示 - 实操练习 - 模拟考核对比

图 5-7 实验原理和实验方案

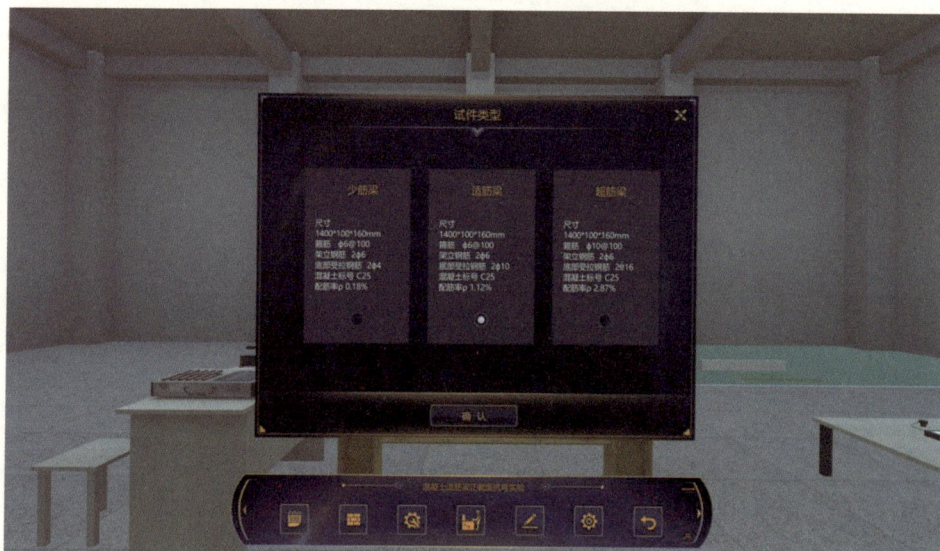

图 5-8 实验构件设计参数选择

5.3 钢筋混凝土结构构件制作安装虚拟仿真

钢筋混凝土构件制作与安装，包括钢筋笼制作、试件混凝土浇筑、梁侧面刷白和贴铜柱、贴混凝土应变片、试件及设备安装。知识要点包括钢筋骨架的构造和内部测点的布置、构件制作流程和质量控制、钢筋和混凝土应变片的粘贴技术等。

5.3.1 钢筋笼制作

钢筋笼的制作是构件制作的核心环节，也是线下实验的必修课。在此学生可以通过复杂的流程学习掌握钢筋下料、钢筋贴片、绑扎钢筋等环节的操作规范，思考并理解每步操作的原理和要点，从而确保钢筋笼制作的质量。钢筋笼制作的具体步骤如下（图 5-9 ~ 图 5-21）。注：【】内为平台操作方法。

①钢筋下料：按设计尺寸将所有钢筋下料。【将钢筋拖到切割机上完成切割】

②钢筋弯折：将钢筋弯折成要求的形状。【将切割好的钢筋拖到折板机上完成弯折】

③钢筋打磨：将需贴应变片的钢筋取出，用打磨机或者砂纸打磨钢筋表面，打磨好之后用砂纸在贴片处打出与贴片方向成 45º 角的交叉条纹。【将需贴片的钢筋放到指定制作平台，拖动砂纸到钢筋上进行打磨。对于超筋梁要先拖动磨光机打磨主筋螺纹，再拖动砂纸打磨】

④定位：用钢针在打磨好的区域准确画出要贴应变片的位置。【拖动钢针到钢筋表面定位】

⑤清洗：用浸有丙酮或酒精的脱脂棉球清洗贴片处，直到棉球上看不到污渍。清洗时一定要沿着单一方向进行，不要来回交替擦洗。【拖动棉球到钢筋表面清洗钢筋表面】

⑥贴应变片：在应变片的粘贴面上涂上 502 胶，然后将应变片放于规定的粘贴位置上，再盖上一层玻璃纸，沿应变片轴线方向用手指滚压，排出气泡并挤出多余胶液，约 1 分钟后从无引线端慢慢揭下玻璃纸。【拖动应变片到钢筋表面贴应变片】

⑦连接导线：用胶带将导线固定在钢筋上，将接线柱紧靠应变片导线端贴在混凝土表面并使之绝缘，将导线与应变片引线连接。【将导线拖到应变片上】

⑧焊线：用电烙铁及焊锡焊接接头。【将电焊枪拖到应变片上】

⑨涂胶：将 703 胶均匀涂在应变片上，达到完全覆盖应变片即可。【将 703 胶拖到应变片上】

⑩防水处理：将蘸有环氧树脂的纱布缠绕在应变片上，表面撒上细砂增加粗糙度。【将环氧树脂拖到应变片上】

⑪检测：使用万用表以电阻法检测应变片，其电阻一般在 120 Ω 左右。【将万用表拖到应变片导线边上】

⑫绑扎钢筋笼：采用扎钩绑扎钢筋笼。【拖动钢筋组件到指定位置，拖动扎钩到钢筋组件上绑扎成钢筋笼】

⑬制作吊钩：用铅丝制作吊钩绑在钢筋笼上部。【将吊钩拖到钢筋笼】

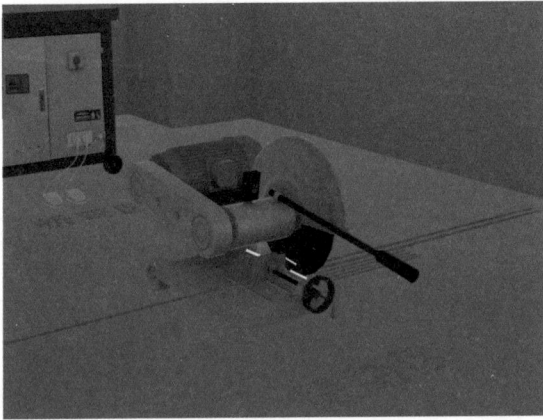
图 5-9 钢筋下料

图 5-10 钢筋弯折

图 5-11 钢筋打磨

图 5-12 定位

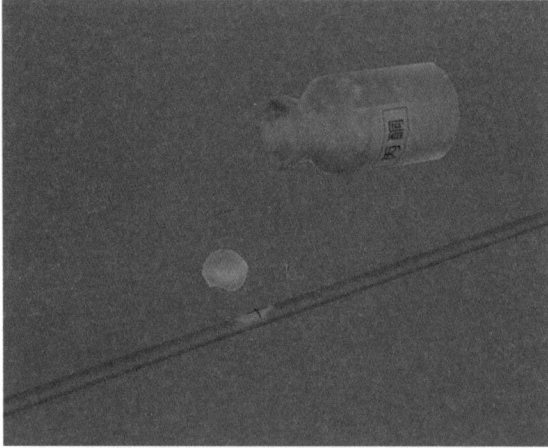

图 5-13 清洗

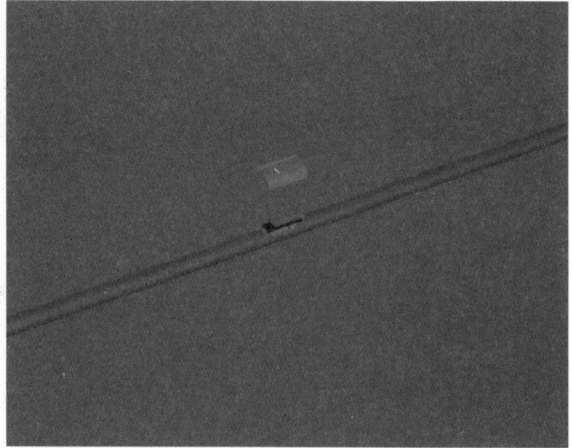

图 5-14 贴应变片

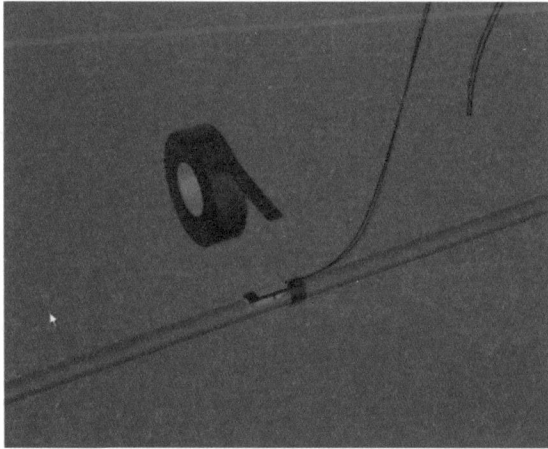

图 5-15 连接导线

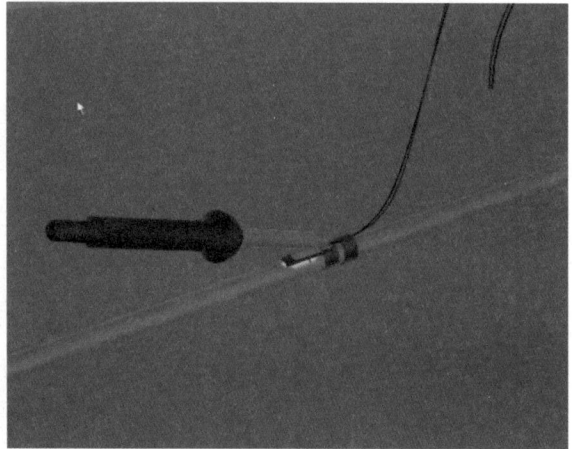

图 5-16 焊线

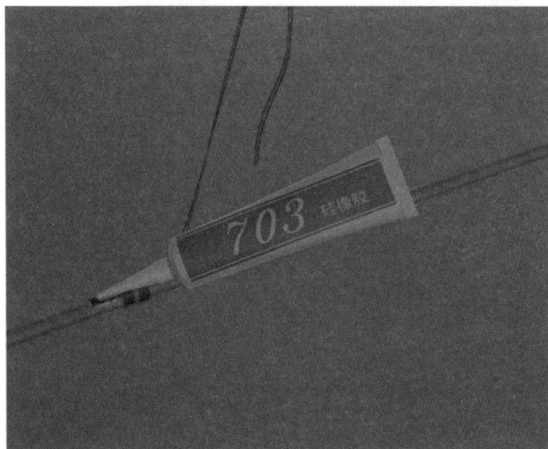

图 5-17 涂胶

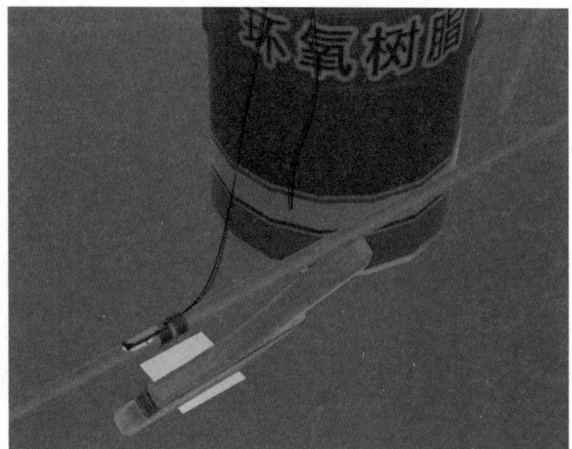

图 5-18 防水处理

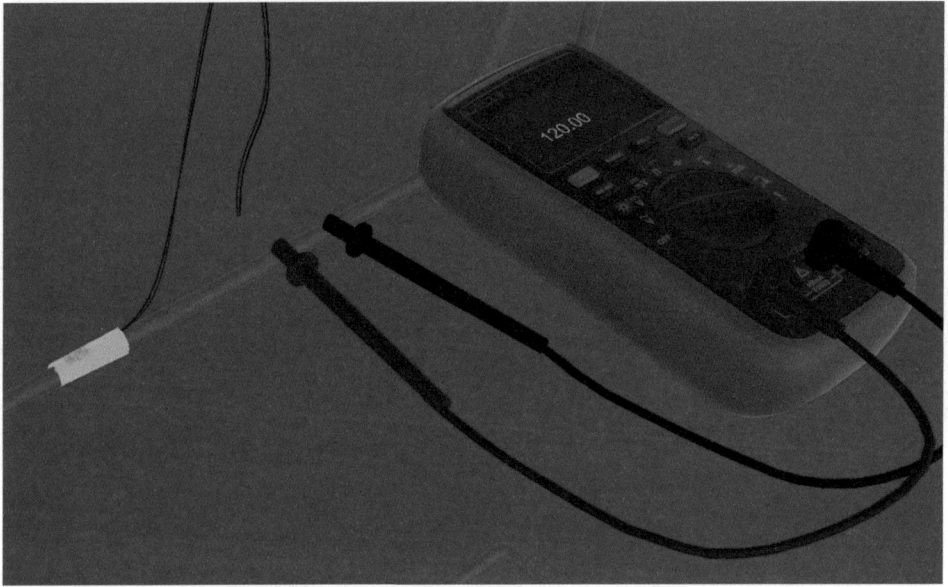

图 5-19 检测

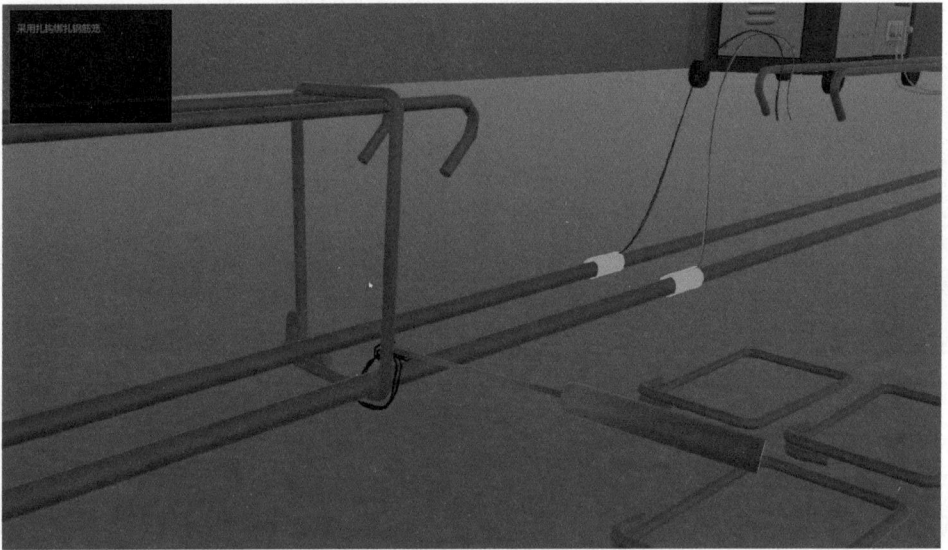

图 5-20 绑扎钢筋笼

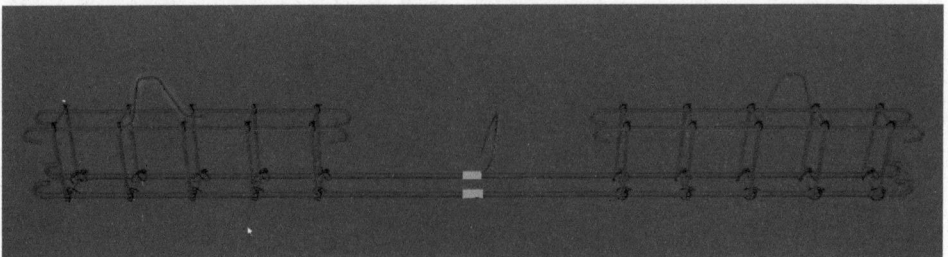

图 5-21 制作吊钩

5.3.2 试件混凝土浇筑

浇筑混凝土是构件制作的核心环节，但是往往不是全部学生都能参与线下实践，在此学生可以通过复杂的线上流程学习掌握混凝土浇筑全部环节的操作规范，思考并理解每步操作的原理和要点，从而确保混凝土浇筑的质量。浇筑混凝土主要包括钢模安装、钢筋笼装入钢模、倒入混凝土、振捣混凝土、抹面、拆除钢模、试件养护等，具体步骤如下（图5-22～图5-28）。注：【】内为平台操作方法。

①钢模安装：钢模用螺丝组装成型。【将钢模拖到指定浇筑场地】

②钢筋笼装入钢模：将钢筋笼装入钢模，导线留在钢模外部。【将钢筋笼拖到钢模】

③倒入混凝土：将拌制好的混凝土倒入钢模。【将拌制好的混凝土拖到钢模】

④振捣混凝土：用振捣器排除气泡，使混凝土密实结合，消除混凝土的蜂窝麻面以提高其强度，保证混凝土构件的质量。【将振捣器拖到钢模内】

⑤抹面：用抹刀压实、抹平混凝土表面。【将抹刀拖到钢模】

⑥拆除钢模：浇筑成型1天后拆除侧模，7天后拆除底模。【先将侧模拖回原位，拖动水壶到梁上，再将底模拖回原位】

⑦试件养护：在标准养护条件下养护至设计要求龄期。【拖动水壶到构件处】

图5-22 钢模安装

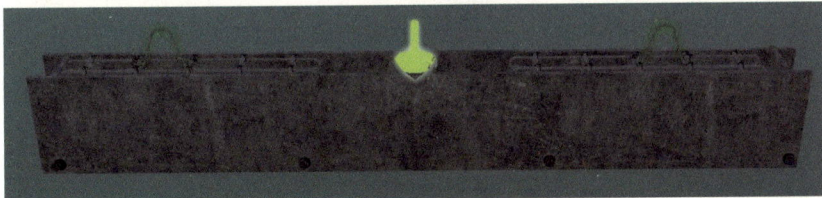

图5-23 钢筋笼装入钢模

图5-24 倒入混凝土

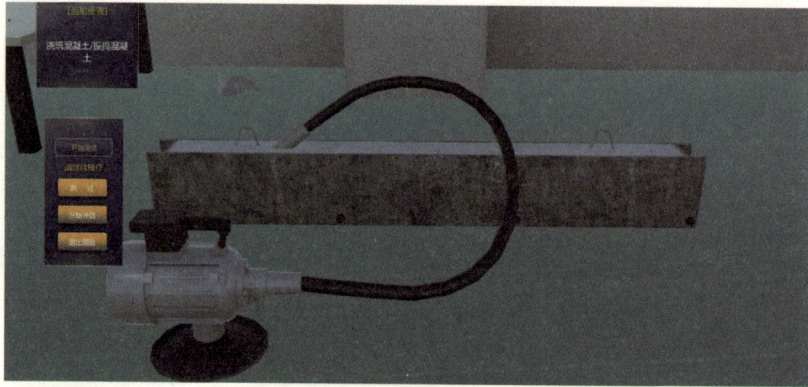

图 5-25 振捣混凝土

图 5-26 抹面

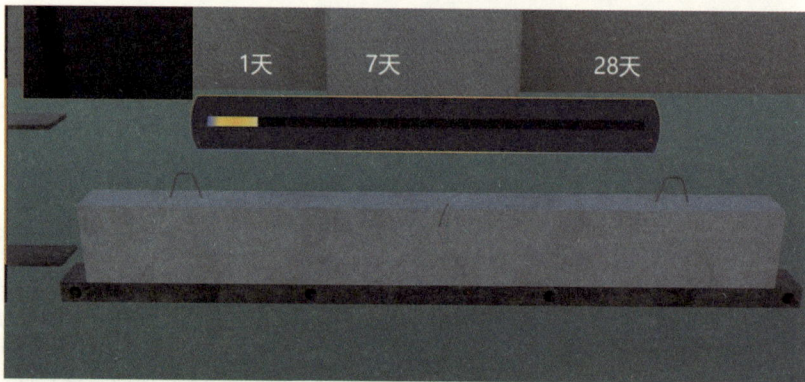

图 5-27 拆除钢模

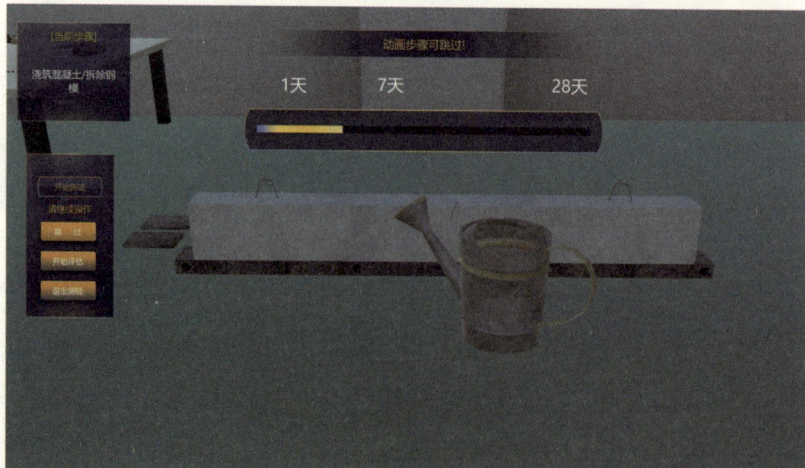

图 5-28 试件养护

5.3.3 梁侧面刷白和贴铜柱

梁侧面刷白、划线、贴铜柱是线下实验的必修课。该实验准备环节的实践旨在培养学生团队协作的能力，线上互动的目标是让学生掌握刷白划线的要点和粘贴铜柱的方法并理解标距的含义。主要步骤包括梁侧面刷白、划线、贴铜柱，具体步骤如下（图 5-29 ~ 图 5-33）。注：【】内为平台操作方法。

①梁侧面刷白：将梁侧面用石灰均匀水平刷白。【将刷子拖到梁的侧面】

②梁侧划线：用铅笔在梁侧面画出高 40 mm、宽 100 mm 的网格。【将铅笔拖到梁的侧面】

③混凝土侧面打磨：用砂纸打磨梁侧混凝土表面，若表面光滑则可免。【将砂纸拖到梁侧面】

④定位：用铅笔在打磨好的区域准确画出铜柱要贴的位置。【将铅笔拖到梁的侧面】

⑤贴铜柱：用 502 胶水将两个铜柱粘贴在梁侧指定位置，用标准针距尺确保铜柱间距。【将铜柱拖到梁的侧面】

图 5-29 梁侧面刷白

图 5-30 梁侧划线

图 5-31　混凝土侧面打磨

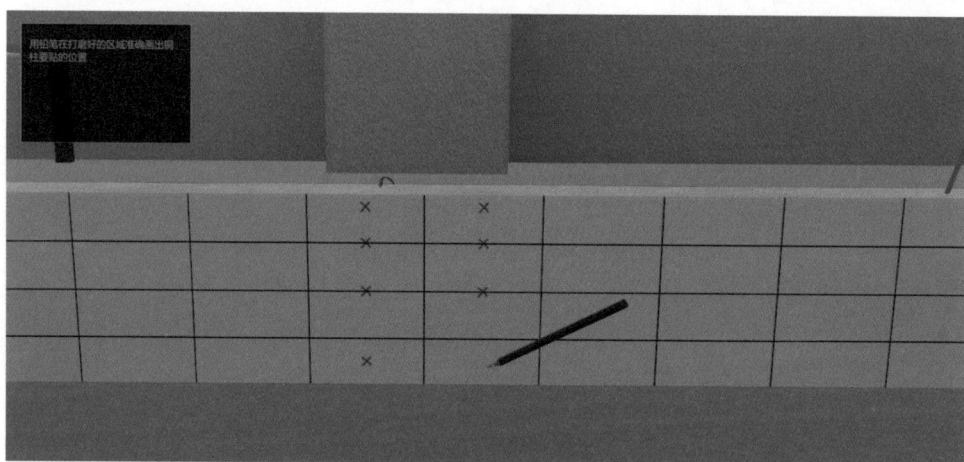

图 5-32　定位

图 5-33　贴铜柱

5.3.4 贴混凝土应变片

混凝土应变片粘贴对技术要求很高，在此学生可以通过对复杂流程的学习掌握混凝土应变片粘贴的关键技术，思考并掌握混凝土应变片粘贴的要点，从而确保混凝土应变片的粘贴质量。混凝土应变片粘贴，包括混凝土表面打磨、表面刷胶、环氧胶表面打磨、定位、清洗、贴应变片、贴接线柱、焊线、防水处理、检测等，具体步骤如下（图 5-34 ~ 图 5-43）。注：【】内为平台操作方法。

①混凝土表面打磨：用砂纸打磨梁跨中上部混凝土表面，若表面光滑则可免。【将砂纸拖到梁的上表面】

②表面刷胶：在打磨区刷上环氧胶。【将环氧树脂拖到梁上表面】

③环氧胶表面打磨：在环氧胶表面用砂纸打磨，打磨好之后在贴片处用砂纸打出与贴片方向成 45º 角的交叉条纹。【将砂纸拖到梁上表面】

④定位：用铅笔在打磨好的区域准确画出要贴应变片的位置。【将铅笔拖到梁上表面】

⑤清洗：用浸有丙酮或酒精的脱脂棉球清洗贴片处，直到棉球上看不到污渍。清洗时一定要沿着单一方向进行，不要来回交替擦洗。【将棉球拖到梁上表面清洗环氧胶表面】

⑥贴应变片：在应变片的粘贴面上涂上 502 胶，然后将应变片放于规定的粘贴位置上，再盖上一层玻璃纸，沿应变片轴线方向用手指滚压，排出气泡并挤出多余胶液，约 1 分钟后从无引线端慢慢揭下玻璃纸。【拖动应变片到梁上表面贴应变片】

⑦贴接线柱：蘸取 502 胶，将接线柱紧靠应变片导线端贴在混凝土表面。【拖动接线柱到应变片】

⑧焊线：用电烙铁及焊锡焊接引线与接线柱。【拖动电焊枪到应变片】

⑨防水处理：将环氧树脂均匀涂于应变片表面上。【拖动环氧树脂到应变片】

⑩检测：使用万用表以电阻法检测应变片，其电阻一般在 120 Ω 左右。【将万用表拖到应变片导线边上】

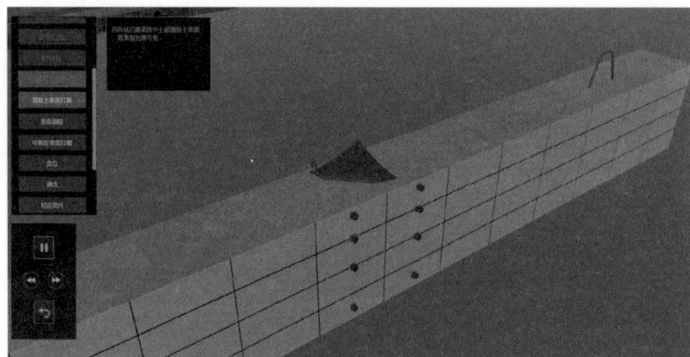

图 5-34　混凝土表面打磨

图 5-35　表面刷胶

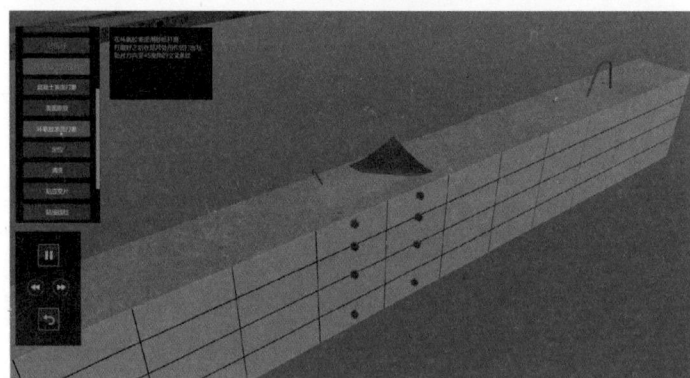

图 5-36　环氧胶表面打磨

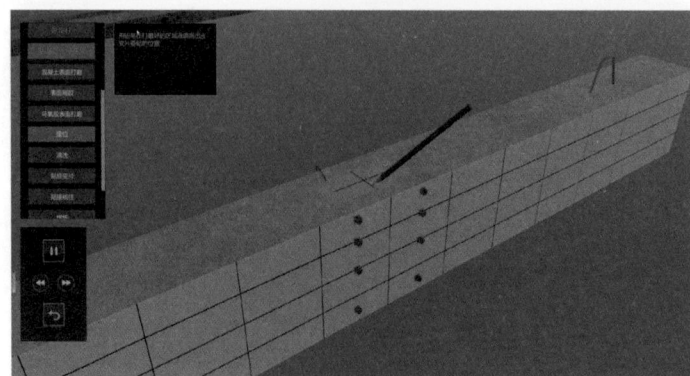

图 5-37　定位

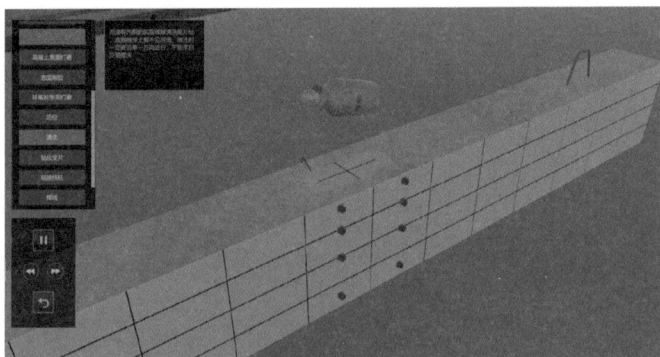

图 5-38 清洗

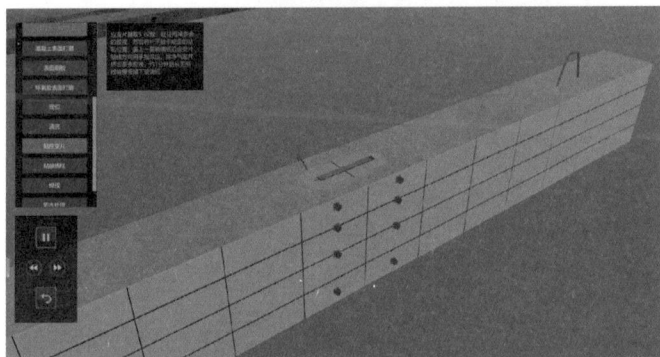

图 5-39 贴应变片

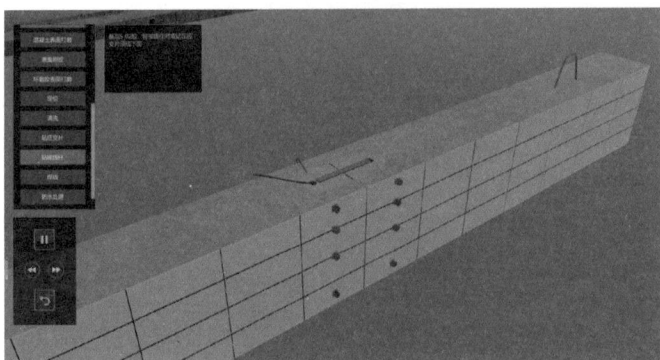

图 5-40 贴接线柱

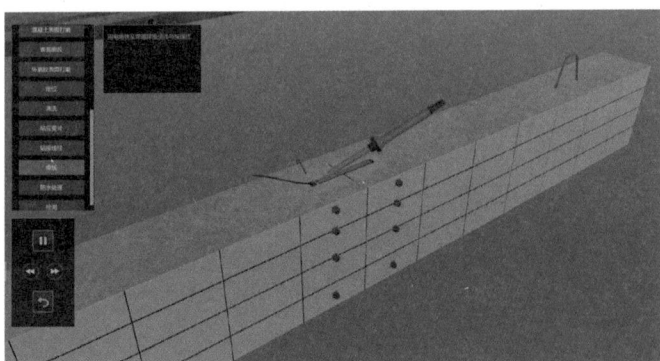

图 5-41 焊线

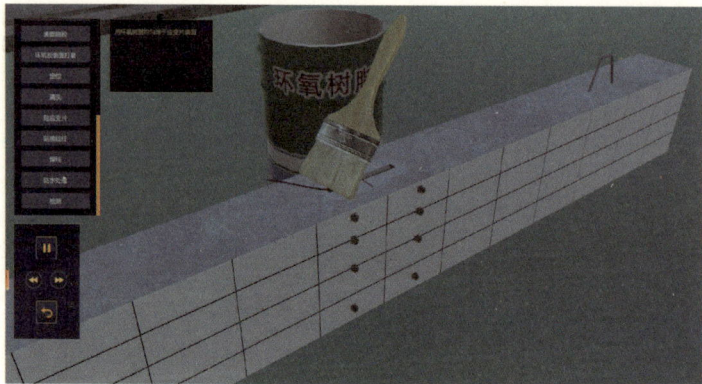

图 5-42 防水处理

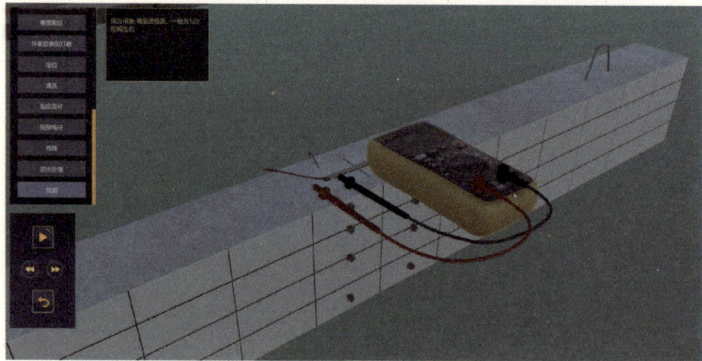

图 5-43 检测

5.3.5 试件及设备安装

本节以实验梁为例介绍试件与设备安装，包括安装千斤顶、连接油泵、安装支座、试件就位、安装分配梁铰支座、安装分配梁、安装荷载传感器、安装位移计、连接导线并调试。知识要点包括加载装置的构成、液压加载系统的组成、试件边界条件实现方法、应变片接线方法等。具体步骤如下（图 5-44～图 5-53）。注：【】内为平台操作方法。

①安装千斤顶：将千斤顶安装在加载装置中部，并确保其竖直。【拖动千斤顶到装置上横梁下方】

②连接油泵：用油管连接油泵与千斤顶。【先拖动油管一端到油泵头，后拖动油管中部挂在横梁下方吊钩上，再拖动油管另一端与千斤顶连接】

③安装支座：将两个铰支座安放在钢支墩上，确保支座间距。【分别拖动两个铰支座并将其安放在钢支墩上】

④试件就位：将试件放在支座上方，确保试件中心与千斤顶中心在同一竖直线上。【拖动试件并将其安放在支座上方】

⑤安装分配梁铰支座：将两个分配梁铰支座安放在梁上，并确保支座间距。【分别拖动两个分配梁铰支座并将其安放在梁上】

⑥分配梁就位：将分配梁安放在铰支座上，确保分配梁中心与千斤顶中心在同一竖直线上。【拖到分配梁安放在分配梁铰支座上】

⑦荷载传感器就位：将荷载传感器安放在分配梁上，并确保荷载传感器中心与千斤顶中心在同一竖直线上。【拖动荷载传感器并将其安放在分配梁上】

⑧安装磁性表座和百分表：安装磁性表座和百分表，并确保百分表量杆垂直于混凝土表面。【分别拖动磁性表座和百分表到梁跨中下方和梁两侧支座的上方】

⑨荷载传感器接线：将荷载传感器导线连接到应变仪上。【将荷载传感器导线一端拖到荷载传感器上，另一端拖到应变仪上】

⑩应变片接线：将应变片导线接到应变仪，并确保测点编号与应变仪通道一一对应。【将荷载传感器导线一端拖到荷载传感器上，另一端拖到应变仪上；将应变片导线一端拖到应变片上，另一端拖到应变仪上；将补偿块应变片导线一端拖到补偿块上，另一端拖到应变仪上】

加载装置安装及试件安装对于线下实验具有一定的危险性，而虚拟仿真实验呈现的互动环节轻松直观，通过安装互动，学生可以掌握安装的次序，思考并理解液压加载装置的功能，以及安装偏差对实验结果的影响等。测试设备安装和调试是结构实验中的关键环节，学生在线下实践中往往很少有机会参与，通过该环节学生可以掌握测试设备的主要功能和调试技术，为实验测试的顺利开展提供前期保障。

图 5-44 安装千斤顶

图 5-45　连接油泵

图 5-46　安装支座

图 5-47　试件就位

图 5-48　安装分配梁铰支座

图 5-49　分配梁就位

图 5-50　荷载传感器就位

图 5-51　安装磁性表座和百分表

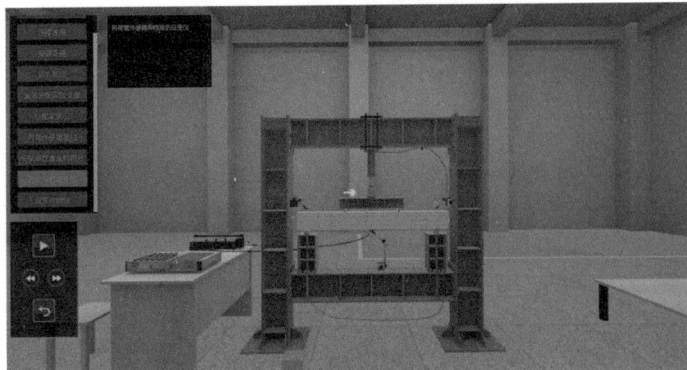

图 5-52　荷载传感器接线

图 5-53 应变片接线

5.4 钢筋混凝土梁受弯破坏虚拟仿真

5.4.1 加载前准备工作

加载前准备，包括应变仪预热，预加载，检查仪表工作情况，读取百分表、静态应变仪和手持式引伸仪的初始读数。具体步骤如下（图 5-54 ~ 图 5-60）。知识要点包括应变仪的使用方法、静载实验加载程序、百分表和千分表的读数方法。注：【】内为平台操作方法。

①打开应变仪预热：打开应变仪预热半小时。【点击应变仪开关按钮】

②应变仪调零：将应变仪上的力值和应变值清零。【点击应变仪清零按钮】

③预加载：开始预加载，对试件进行预压，并检查应变仪和百分表是否正常。【点击手动油泵的手柄加载】

④卸载：卸去荷载。【点住油泵旋钮逆时针拖动以卸去荷载】

⑤应变仪再次调零：正式加载前对应变仪再次清零。【点击应变仪清零按钮】

⑥记录初读数：记录百分表和手持式引伸仪的初读数。【依次按百分表，对弹出放大的百分表表盘进行读数，并选择正确的读数；将手持式引伸仪拖动到铜柱处，对弹出放大的千分表表盘进行读数，并选择正确的读数】

仪器仪表读数是线下实验的必修环节和必须掌握的基本技能，通过线上互动环节学生可掌握百分表、手持式引伸仪、裂缝观测仪等主要仪器仪表的读数方法，思考并理解读数的内涵和从读数转化到实验参数的过程，从而确保实验记录的完整性和数据处理的正确性。

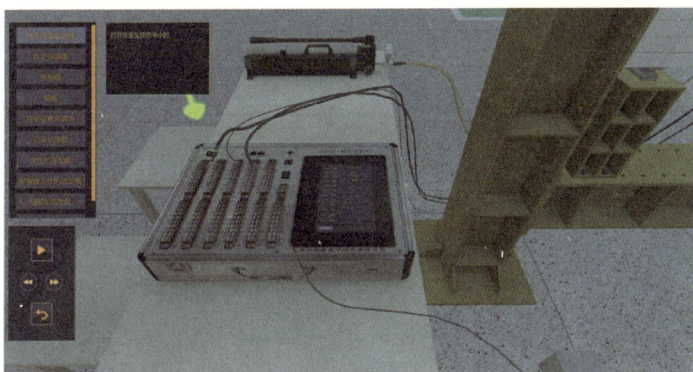

图 5-54　打开应变仪预热

图 5-55　应变仪调零

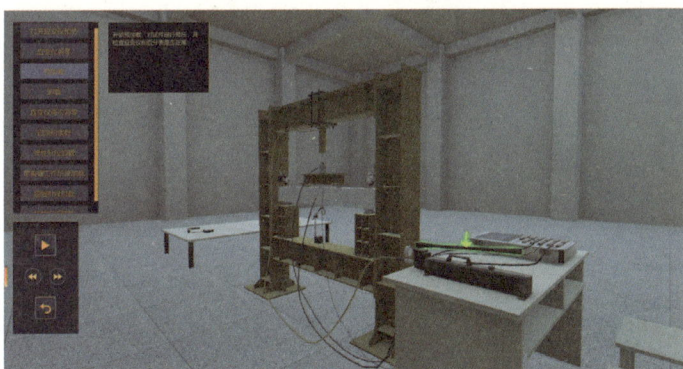

图 5-56　预加载

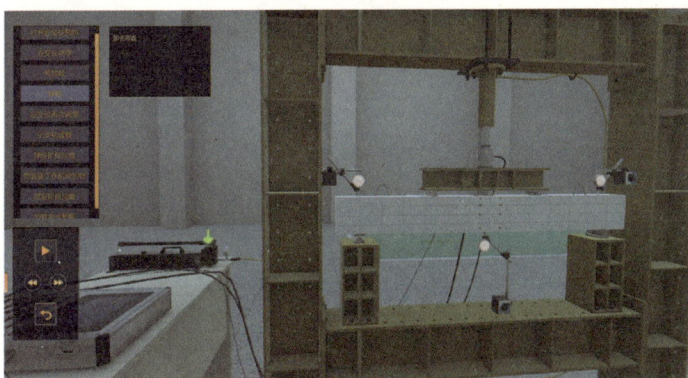

图 5-57　卸载

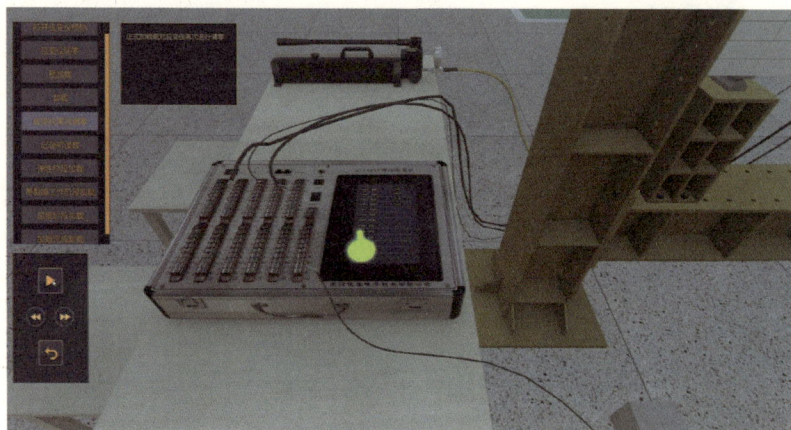

图 5-58 应变仪再次调零

图 5-59 记录百分表初读数

图 5-60 记录手持应变仪初读数

5.4.2 正式加载

加载过程的互动是本虚拟仿真实验的关键环节，线下实验往往需要两个学时，通过虚拟仿真实验的互动，学生可掌握加载实验的全部流程，明确实验操作前、操作中和操作后的重点关注点，从而确保实验顺利进行。

根据受力特性及计算的开裂荷载和破坏荷载，对构件进行分级加载。分三个阶段（弹性阶段、带裂缝工作阶段、屈服或破坏阶段）观察裂缝的开展，记录实验数据。知识要点包括加载系统使用方法、裂缝观测仪使用方法、数据记录方法、根据整体变形和局部变形的变化情况及裂缝开展的情况解析钢筋和混凝土在受力中所起的关键作用等。以适筋梁加载为例，具体步骤如下（图5-61 ~ 图5-65）。注：【】内为平台操作方法。

图 5-61 弹性阶段加载

图 5-62 带裂缝工作阶段加载

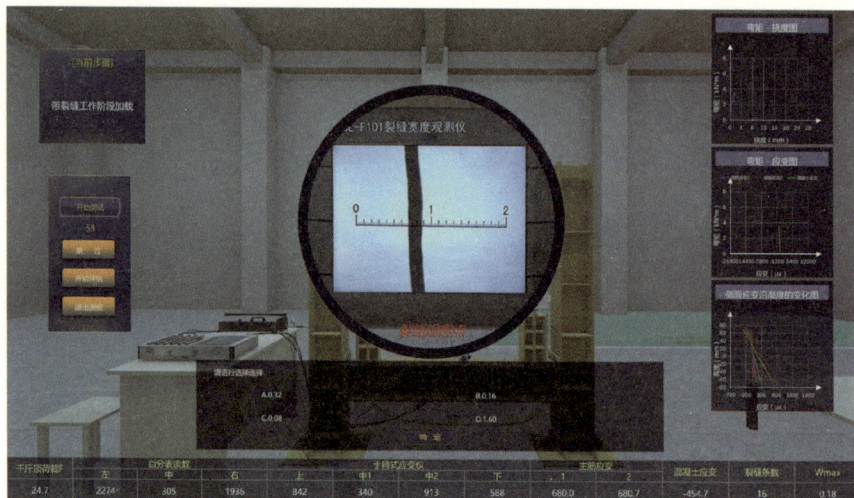

图 5-63 裂缝观测仪读数互动

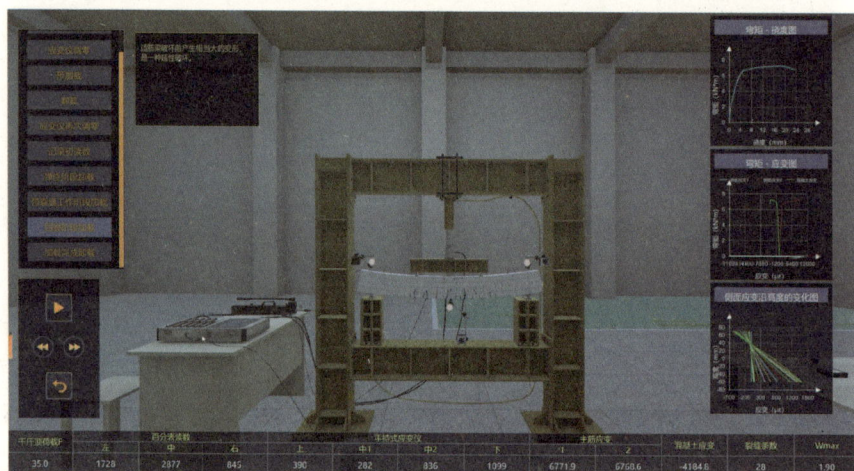

图 5-64 屈服阶段加载

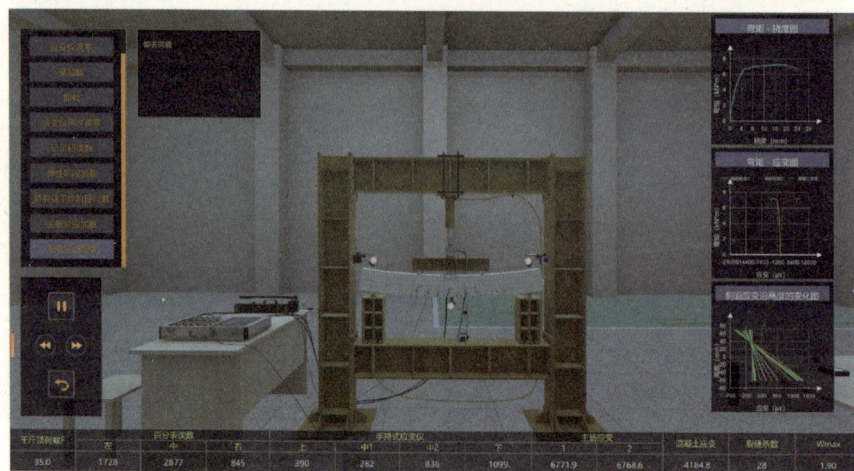

图 5-65 加载完成卸载

①弹性阶段加载：当弯矩较小时，梁基本处于弹性工作阶段，挠度也很小，挠度和弯矩的关系接近线性变化。此时梁尚未出现裂缝，应力与应变成正比，钢筋与混凝土共同变形，共同受力。【点击手动油泵的手柄加载】

②带裂缝工作阶段加载：当受拉区混凝土达到极限拉应变时，在梁纯弯段内受拉区最薄弱的截面上出现第一条与梁纵轴垂直的裂缝。由于新裂缝的不断出现和裂缝的不断开展，以及混凝土塑性变形的发展，梁挠度的增加比弯矩增加快。随着弯矩的增加，钢筋应力不断增大，当其应力达到抗拉屈服强度时，带裂缝工作阶段结束。【点击手动油泵的手柄加载，当裂缝出现时，将裂缝观测仪拖到梁侧面以测量裂缝宽度】

③屈服阶段加载：钢筋屈服后，进入屈服阶段，梁的挠度急剧增加，裂缝急剧开展，中和轴不断上升，受压高度不断减小。在截面受压区边缘混凝土的应变达到极限压应变后，混凝土出现纵向裂缝而被压碎，梁的弯矩达到极限弯矩，标志着梁的破坏。适筋梁破坏前产生相当大的变形，可见这种破坏是一种延性破坏。【点击手动油泵的手柄加载】

④加载完成卸载：卸去荷载。【点住油泵旋钮逆时针拖动以卸去荷载】

根据实测数据进行数据处理，分别绘制荷载－挠度曲线、荷载－钢筋应变曲线、荷载－混凝土应变曲线、混凝土表面不同位置的应变分布曲线等。知识要点包括理论计算结果与实验数据的对比、平截面假定的适用条件、裂缝开展情况与结构局部变形之间的关联、不同构件实验结果的差异与结构内部钢筋配置的联系等。

通过虚拟仿真实验模拟考核模块，系统自动记录学生的操作过程并评判（图5-66），实时记录每级荷载加载结束的荷载、百分表、手持式引伸仪、电阻应变仪和裂缝开展数据（图5-67），得到实验结果图（图5-68），将学生加载过程的在线答题情况汇总成实验结果分析，将学生回答随机原理题情况汇总为思考题，最终形成集实验目的、实验原理、实验方案设计、实验原始数据、

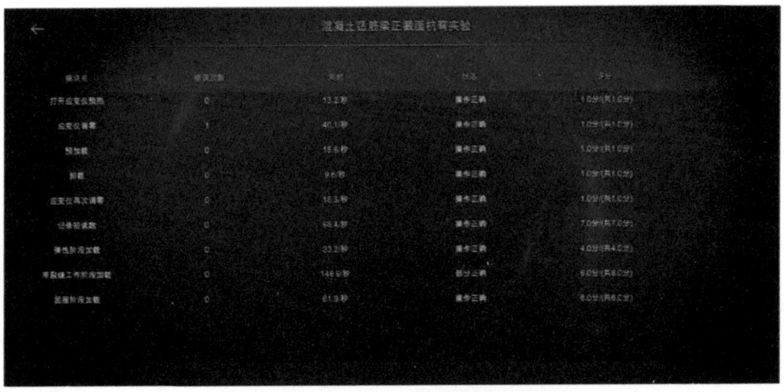

图 5-66 实验过程记录表

数据详情

千斤顶荷载F	百分表读数			手持式应变仪				主筋应变		混凝土应变	裂缝条数	Wmax
	左	中	右	上	中1	中2	下	1	2			
0.0	194	238	412	107	104	302	318	0.0	0.0	0.0	0	0.00
3.7	187	254	405	103	102	302	322	30.0	30.0	-44.5	0	0.00
4.8	187	257	405	102	102	303	324	40.0	37.7	-58.8	0	0.00
5.8	187	260	405	101	101	303	325	50.1	48.5	-73.5	2	0.01
6.9	187	266	405	100	100	303	327	65.4	64.4	-96.3	2	0.03
7.9	187	271	405	98	100	304	329	87.0	86.2	-113.6	8	0.05
10.0	187	287	405	95	99	306	336	140.0	137.2	-162.7	10	0.08
12.1	187	309	405	92	98	308	343	201.7	199.9	-212.7	12	0.10
16.3	187	363	405	86	98	315	361	349.8	346.2	-313.0	16	0.11
20.5	186	404	404	79	97	322	380	511.3	511.8	-389.2	16	0.11
24.7	186	449	404	74	98	330	401	682.0	677.6	-455.0	16	0.18
28.9	184	525	402	68	98	339	422	855.9	855.4	-542.1	20	0.21
33.1	183	604	401	62	98	346	442	1033.3	1030.2	-706.3	24	0.24
37.3	182	741	400	56	98	353	463	1217.8	1215.3	-1068.1	24	0.28
38.4	182	928	400	54	98	355	468	2519.4	2518.2	-1170.9	28	0.33
39.4	182	1102	400	52	98	356	473	3830.2	3830.1	-1273.8	28	0.39

图 5-67 实验数据记录表

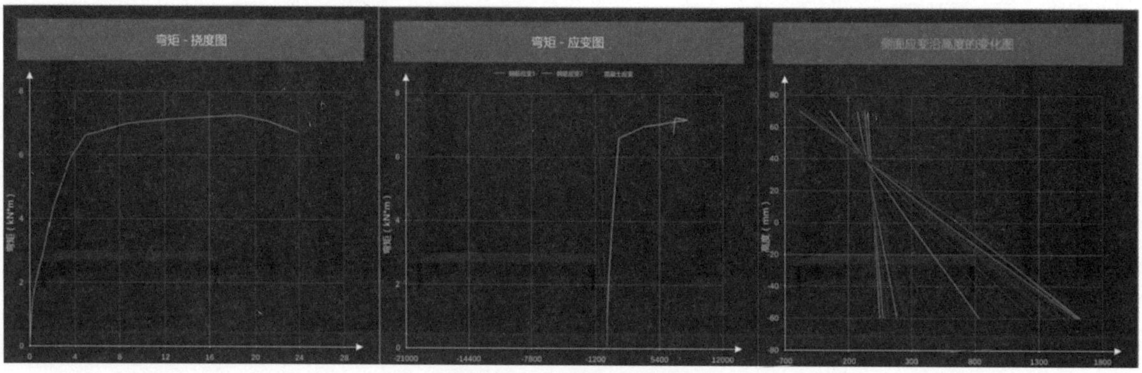

图 5-68 典型实验结果图

实验数据处理、实验结果曲线、裂缝开展图、实验分析和思考题于一体的实验报告。

本虚拟仿真实验项目提供了多种类型的结构试件的全过程实验，以便学生选择不同构件参数，得出不同破坏形态的实验结果。对于同样的截面形式和混凝土强度等级，当配筋率很小时，梁受拉区混凝土开裂后，受拉主筋应变迅速达到屈服应变并进入流幅阶段，整个构件迅速被撕裂，受压区混凝土应变未达到极限压应变，呈现少筋梁破坏特征，这种破坏属于脆性破坏；当配筋率很大时，梁破坏时受压区混凝土达到极限压应变，混凝土迅速被压碎，但受拉主筋未达到屈服应变，呈现超筋梁破坏特征，这种破坏属于脆性破坏；当配筋率适中时，梁受拉主筋应变达到屈服应变，截面曲率和梁的挠度急剧增大，受压区混凝土边缘纤维应变迅速增长直至达到极限压应变，受压区混凝土被压碎，呈现适筋梁破坏特征，这种破坏属于延性破坏。梁正截面受弯破坏实验的三种不同破坏形态如图 5-69 所示。通过对不同破坏形态的对比和分析，学生可进一步加深对钢筋混凝土梁受弯破坏机理的理解。

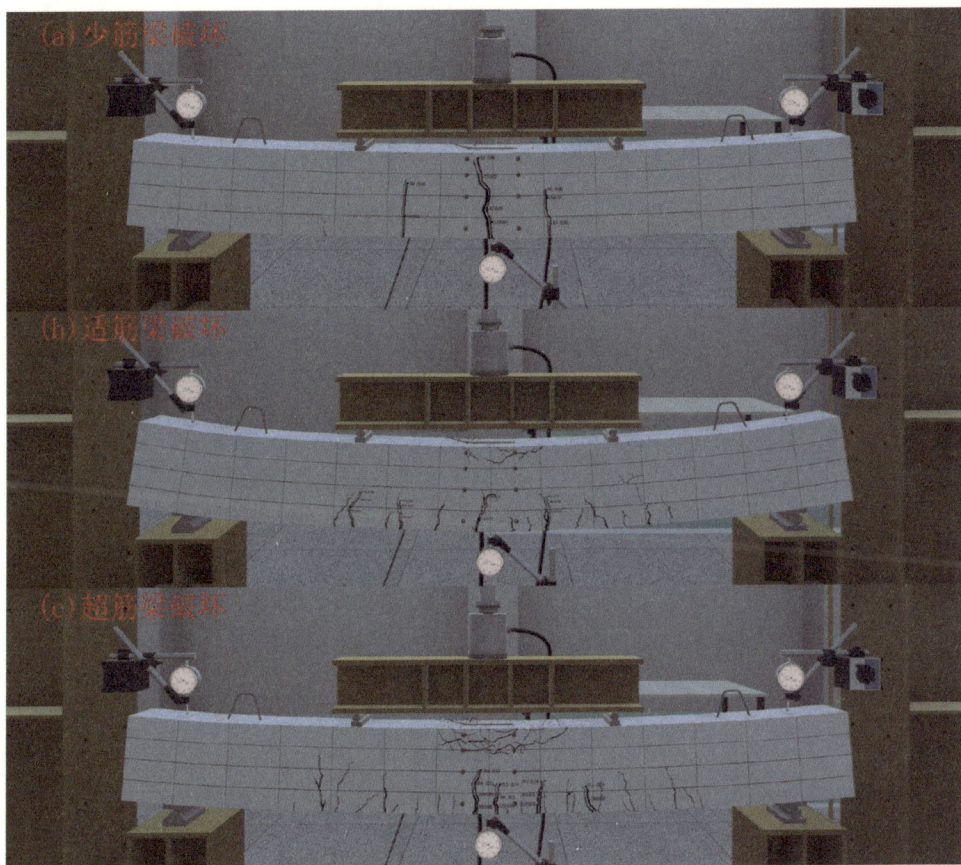

图 5-69　梁正截面受弯破坏形态对比

5.5　钢筋混凝土梁受剪破坏虚拟仿真

5.5.1　加载前准备工作

加载前准备，包括应变仪预热、预加载、检查仪表工作情况，读取百分表、静态应变仪和手持式引伸仪的初始读数。知识要点：应变仪的使用方法、静载实验加载程序、百分表和千分表的读数方法。具体步骤如下（图 5-70 ~ 图 5-75）。注：【】内为平台操作方法。

①打开应变仪预热：打开应变仪预热半小时。【点击应变仪开关按钮】

②应变仪调零：将应变仪上的力值和应变值清零。【点击应变仪清零按钮】

③预加载：开始预加载，对试件进行预压，并检查应变仪和百分表是否正常。【按压手动油泵的手柄预加载】

④卸载：卸去荷载。【点住油泵旋钮逆时针拖动以卸去荷载】

⑤应变仪再次调零：正式加载前对应变仪再次清零。【点击应变仪清零按钮】

⑥记录初读数：记录百分表的读数。【依次按百分表，对弹出放大的百分表表盘进行读数，并选择正确的读数；将手持式引伸仪拖动到铜柱处，对弹出放大的千分表表盘进行读数，并选择正确的读数】

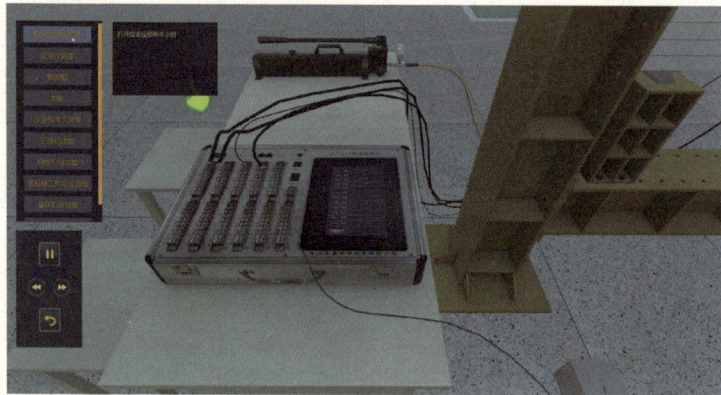

图 5-70 打开应变仪预热

图 5-71 应变仪调零

图 5-72 预加载

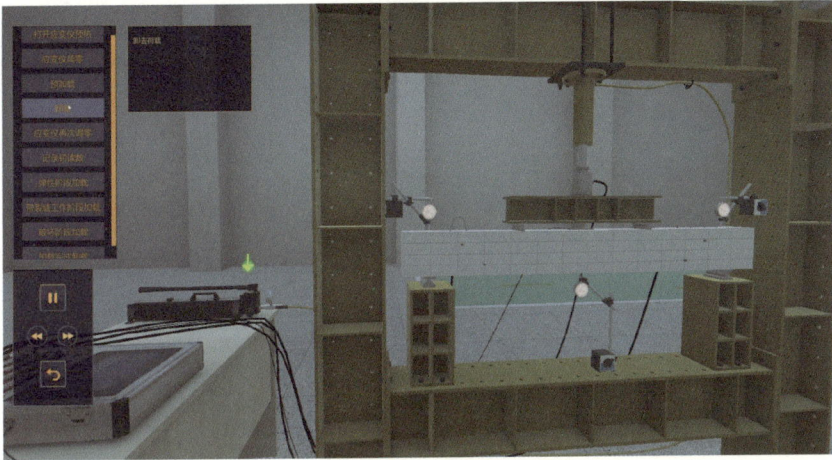

图 5-73 卸载

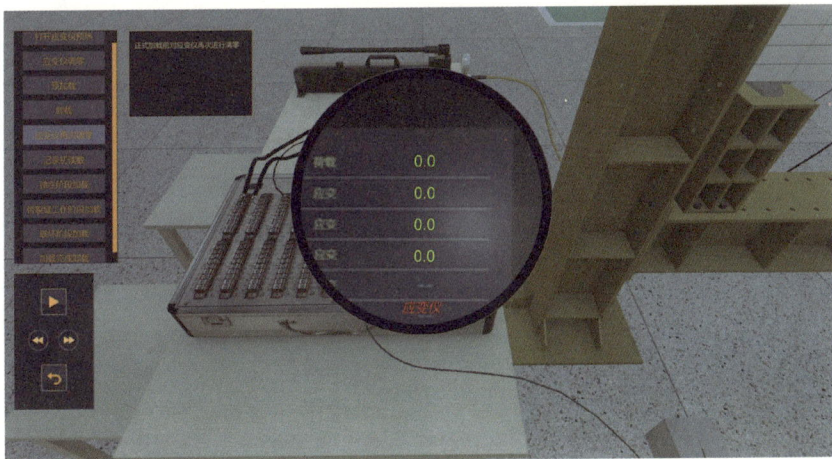

图 5-74 应变仪再次调零

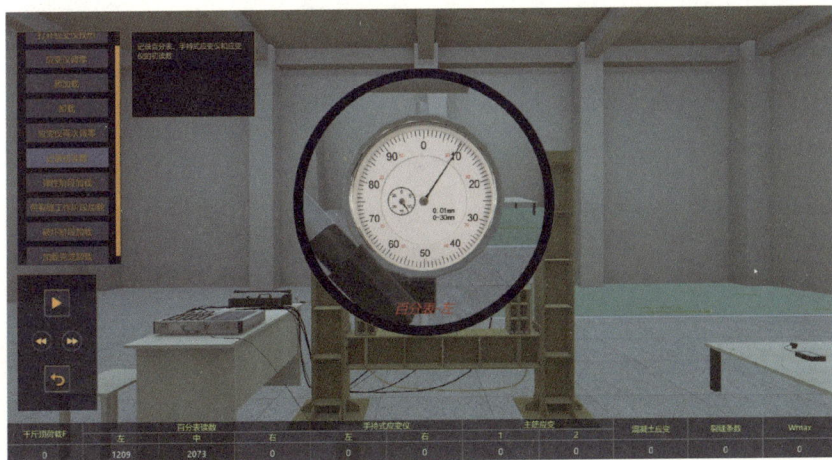

图 5-75 记录初读数

5.5.2　正式加载

根据受力特性及计算的开裂荷载和破坏荷载，对构件进行分级加载，分三个阶段（弹性阶段、带裂缝工作阶段、破坏阶段），观察裂缝的开展，记录实验数据。知识要点包括加载系统使用方法、裂缝观测仪使用方法、数据记录方法、根据整体变形和局部变形的变化情况及裂缝开展的情况解析钢筋和混凝土在受力中所起的关键作用等。以梁剪压破坏实验加载为例，具体步骤如下（图5-76～图5-79）。注：【】内为平台操作方法。

①弹性阶段加载：当荷载比较小时，梁基本处于弹性工作阶段，挠度也很小。此时梁尚未出现裂缝，箍筋应变很小，且变化无明显规律。【点击手动油泵的手柄加载】

②带裂缝工作阶段加载：当纯弯段受拉区混凝土达到极限拉应变时，在梁纯弯段内受拉区最薄弱的截面上出现了与梁纵轴垂直的裂缝。当剪弯段斜截面混凝土达到极限拉应变时，梁剪弯段梁出现了第一条腹剪斜裂缝。斜裂缝出现后，梁中的拉应力由箍筋承担，斜裂缝的开展受到了限制。【点击手动油泵的手柄加载，当裂缝出现时，将裂缝观测仪拖到梁侧面以测量裂缝宽度】

③破坏阶段加载：当荷载增加到一定数值后，在几根斜裂缝中间出现了一条临界斜裂缝。随着荷载继续增加，梁内与斜裂缝相交的箍筋达到屈服强度，同时剪压区的混凝土被压碎，梁失去承载能力。【点击手动油泵的手柄加载】

④加载完成卸载：卸去荷载。【点住油泵旋钮逆时针拖动以卸去荷载】

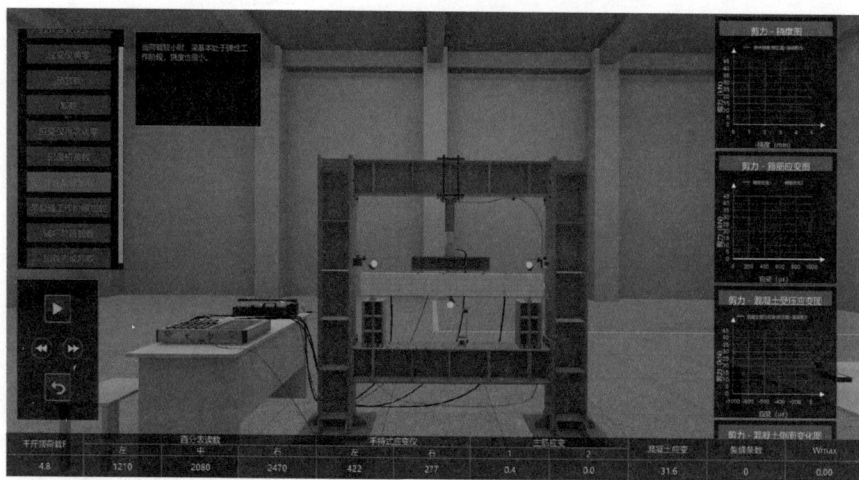

图 5-76　弹性阶段加载

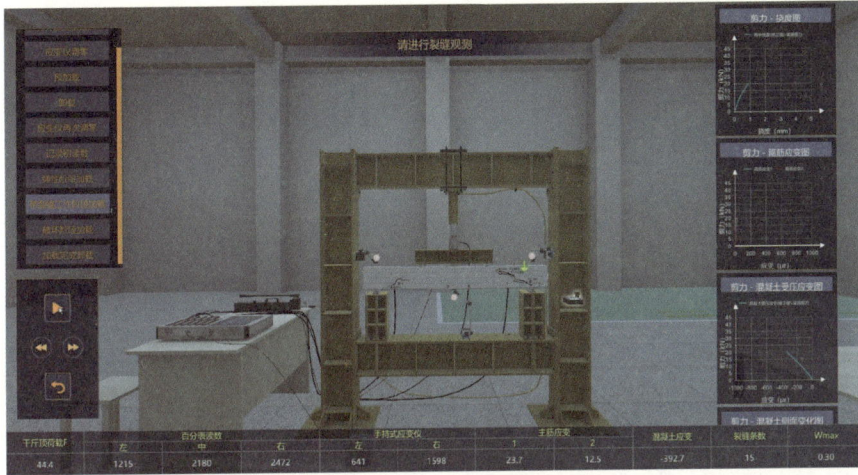

图 5-77　带裂缝工作阶段加载

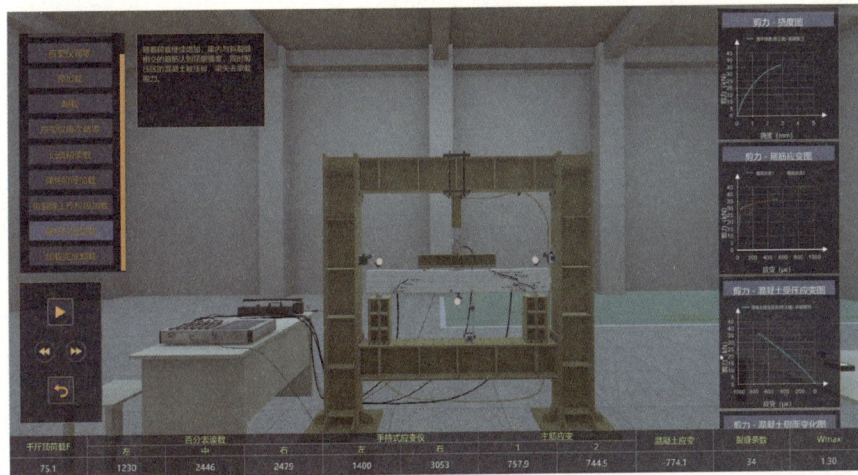

图 5-78　破坏阶段加载

图 5-79　加载完成卸载

　　本虚拟仿真实验项目提供了多种类型的结构试件的全过程实验，以便学生选择不同构件参数，得出不同破坏形态的实验结果。对于同样的截面形式和混凝土强度等级，当箍筋配置较少、剪跨比较大时，梁弯剪段混凝土开裂后箍筋达到屈服应变，发生斜拉破坏；当箍筋配置较多、剪跨比较小时，在箍筋尚未屈服时，梁腹混凝土就因抗压能力不足而发生斜压破坏；当箍筋配置数量适当、剪跨比适中时，裂缝出现后箍筋限制了斜裂缝的开展，当箍筋屈服后，使斜裂缝上端剩余截面缩小，剪压区混凝土在正应力和剪应力共同作用下达到极限强度，发生剪压破坏。梁斜截面受剪破坏实验三种不同的破坏形态如图 5-80 所示。通过对不同破坏形态的对比和分析，学生可进一步加深对钢筋混凝土梁受剪破坏机理的理解。

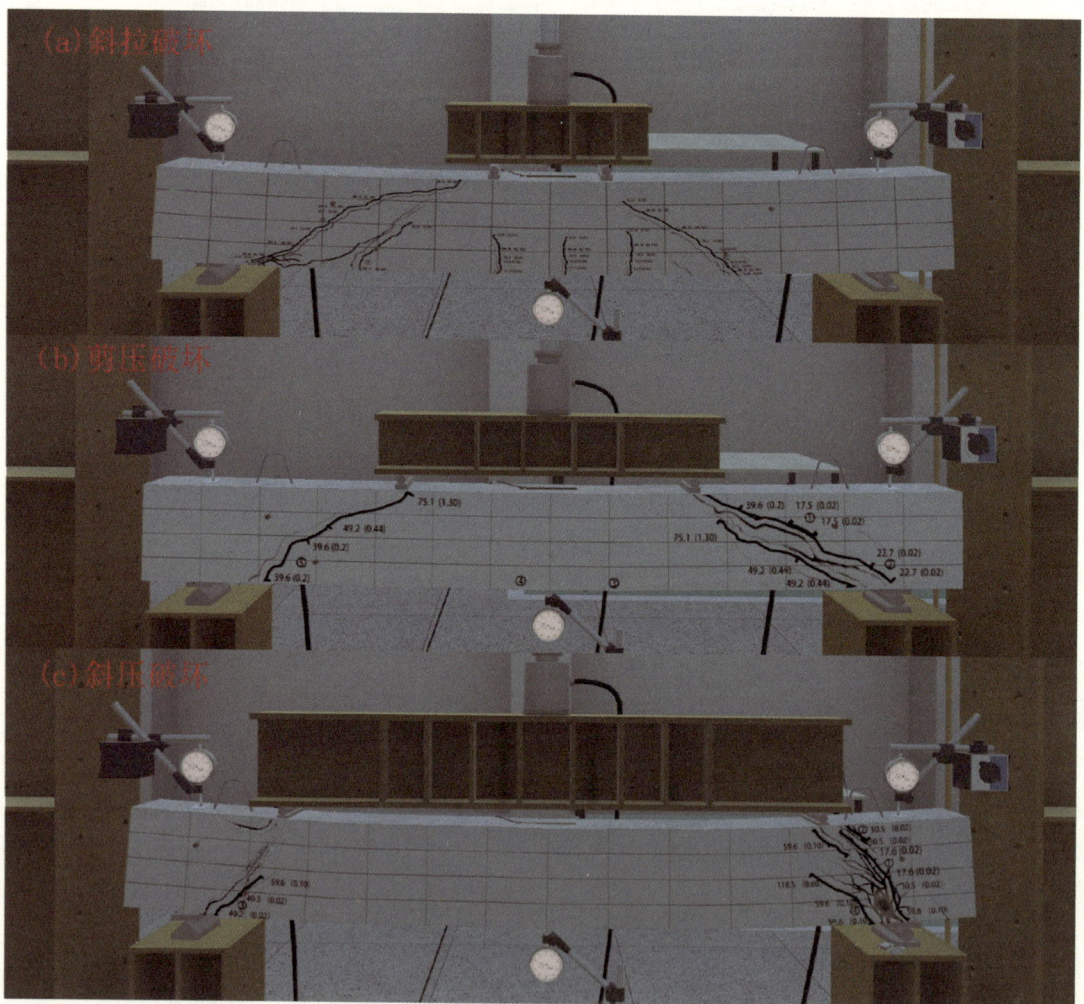

图 5-80　梁斜截面受剪破坏形态对比

5.6 钢筋混凝土柱受偏压破坏虚拟仿真

5.6.1 加载前准备工作

加载前准备，包括应变仪预热、预加载、检查仪表工作情况，读取百分表、静态应变仪和手持式引伸仪的初始读数。知识要点包括应变仪的使用方法、静载实验加载程序、百分表和千分表的读数方法。具体步骤如下（图 5-81 ~ 图 5-86）。注：【】内为平台操作方法。

①打开应变仪预热：打开应变仪预热半小时。【点击应变仪开关按钮】

②应变仪调零：将应变仪上的力值和应变值清零。【点击应变仪清零按钮】

③预加载：开始预加载，对试件进行预压，并检查应变仪和百分表是否正常。【按压手动油泵的手柄预加载】

④卸载：卸去荷载。【点住油泵旋钮逆时针拖动以卸去荷载】

⑤应变仪再次调零：正式加载前对应变仪再次清零。【点击应变仪清零按钮】

⑥记录初读数：记录百分表的读数。【依次按百分表，对弹出放大的百分表表盘进行读数，并选择正确的读数；将手持式引伸仪拖动到铜柱处，对弹出放大的千分表表盘进行读数，并选择正确的读数】

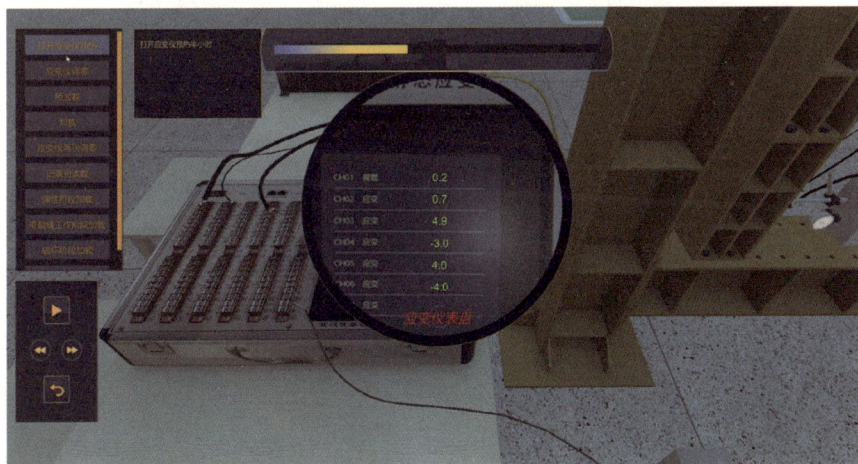

图 5-81　打开应变仪预热

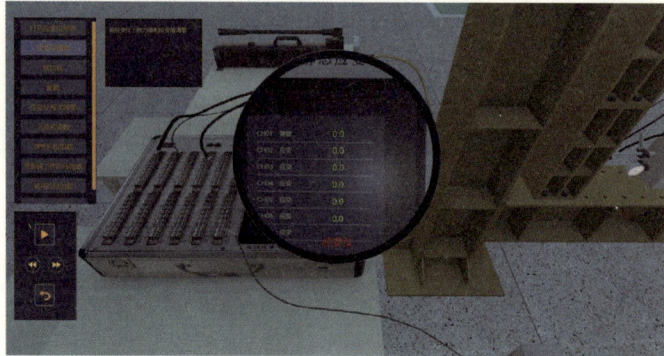

图 5-82 应变仪调零

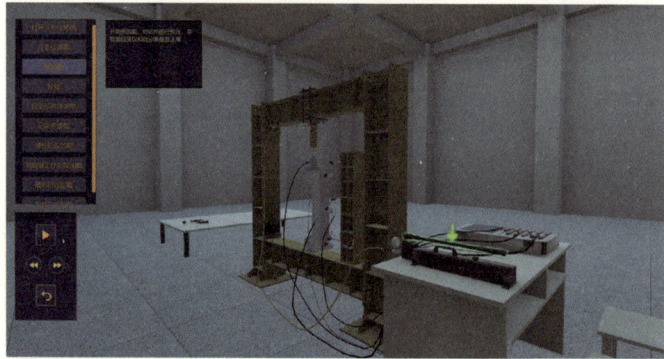

图 5-83 预加载

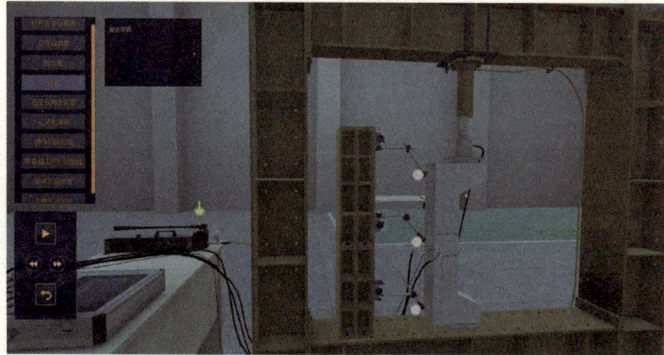

图 5-84 卸载

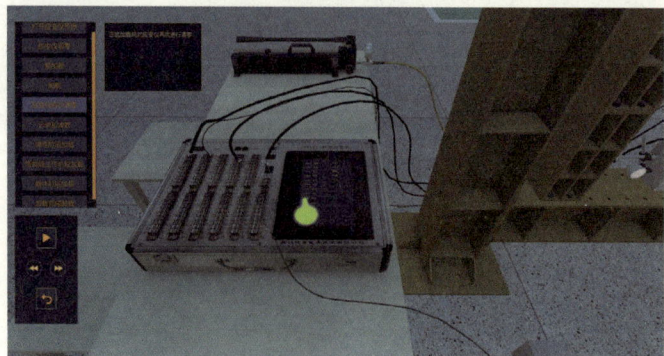

图 5-85 应变仪再次调零

图 5-86 记录初读数

5.6.2 正式加载

根据受力特性及计算的开裂荷载和破坏荷载，对构件进行分级加载，分三个阶段（弹性阶段、带裂缝工作阶段、破坏阶段），观察裂缝的开展，记录实验数据。知识要点包括加载系统使用方法、裂缝观测仪使用方法、数据记录方法、根据整体变形和局部变形的变化情况及裂缝开展的情况解析钢筋和混凝土在受力中所起的关键作用等。以柱大偏心受压实验加载为例，具体步骤如下（图5-87~图5-90）。注：【】内为平台操作方法。

图 5-87 弹性阶段加载

图 5-88　带裂缝工作阶段加载

图 5-89　破坏阶段加载

图 5-90　加载完成卸载

①弹性阶段加载：当荷载较小时，柱基本处于弹性工作阶段，侧向挠度也很小。此时柱尚未出现裂缝，应力与应变成正比，钢筋与混凝土共同变形，共同受力。当柱受拉区混凝土达到极限拉应变时，在柱受拉区最薄弱的截面上出现了与柱纵轴垂直的横向裂缝。受拉区裂缝不断增多，并向受压区延伸，受压区高度逐渐减小，柱的侧向挠度不断增大。【点击手动油泵的手柄加载】

②带裂缝工作阶段加载：当柱受拉区混凝土达到极限拉应变时，在柱受拉区最薄弱的截面上出现了与柱纵轴垂直的横向裂缝。受拉区裂缝不断增加，并向受压区延伸，受压区高度逐步减小，柱的侧向挠度不断增大。随着荷载的增加，远离轴向力一侧的钢筋应力不断增大，当其应力达到抗拉屈服强度时，钢筋屈服，带裂缝工作阶段结束。【点击手动油泵的手柄加载，当裂缝出现时，将裂缝观测仪拖到柱侧面以测量裂缝宽度】

③破坏阶段加载：当受压一侧混凝土的应变达到极限压应变时，受压区薄弱处便出现纵向裂缝，混凝土被压碎而破坏。【点击手动油泵的手柄加载】

④加载完成卸载：卸去荷载。【点住油泵旋钮逆时针拖动以卸去荷载】

本虚拟仿真实验项目提供了多种类型的结构试件的全过程实验，以便学生选择不同构件参数，得出不同破坏形态的实验结果。对于同样的截面形式、配筋率和混凝土强度等级，当偏心距较大时，受拉钢筋的应力首先达到屈服强度，受拉区横向裂缝迅速开展并向受压区延伸，致使受压区混凝土面积减小，最后靠近轴向压力一侧的受压区边缘混凝土达到极限压应变而被压碎，受压纵筋屈服，呈现大偏心受压破坏特征；当偏心距较小时，构件由于混凝土受压而破坏，压应力较大一侧的钢筋能达到屈服强度，而另一侧的钢筋受拉不屈服或受压不屈服，呈现小偏心受压破坏特征。柱受偏压破坏实验两种不同的破坏形态如图 5-91 所示。通过对不同破坏形态的对比和分析，学生可进一步加深对钢筋混凝土柱受偏压破坏机理的理解。

在完成实验后，系统要求学生完成十道课后巩固选择题，选择题由系统题库随机调出，由学生进行互动答题，如图 5-92 所示。课后巩固习题测试能全面考核学生对知识和能力的掌握程度，通过互动达成检验学生学习成果的目的。

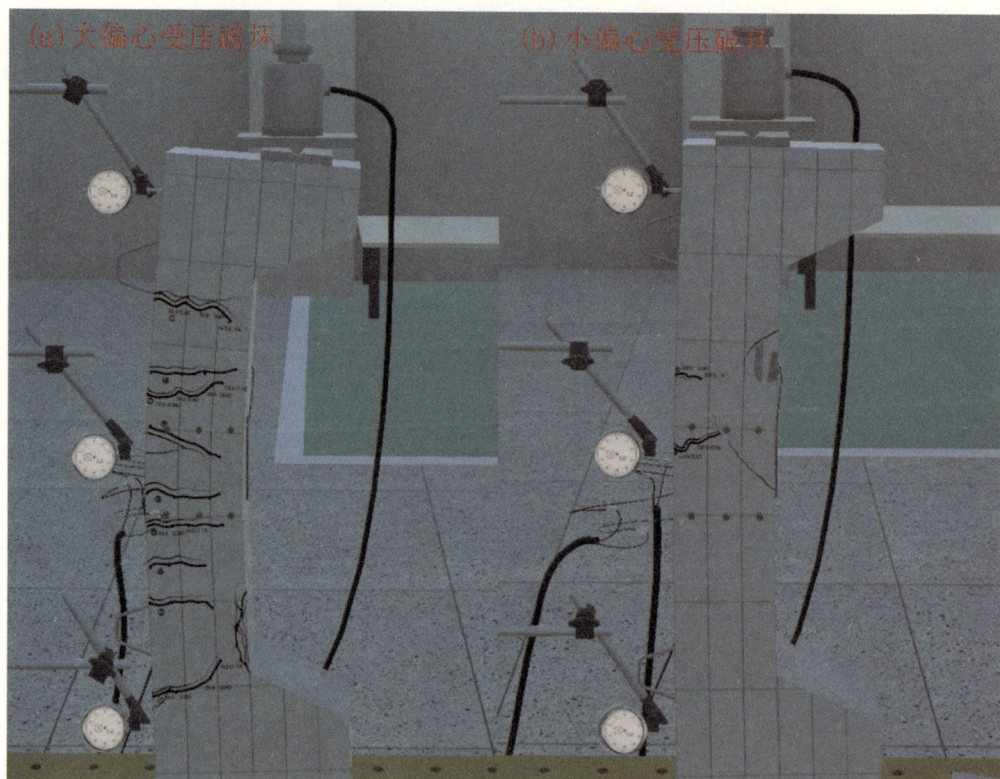

图 5-91　柱偏心受压破坏形态对比

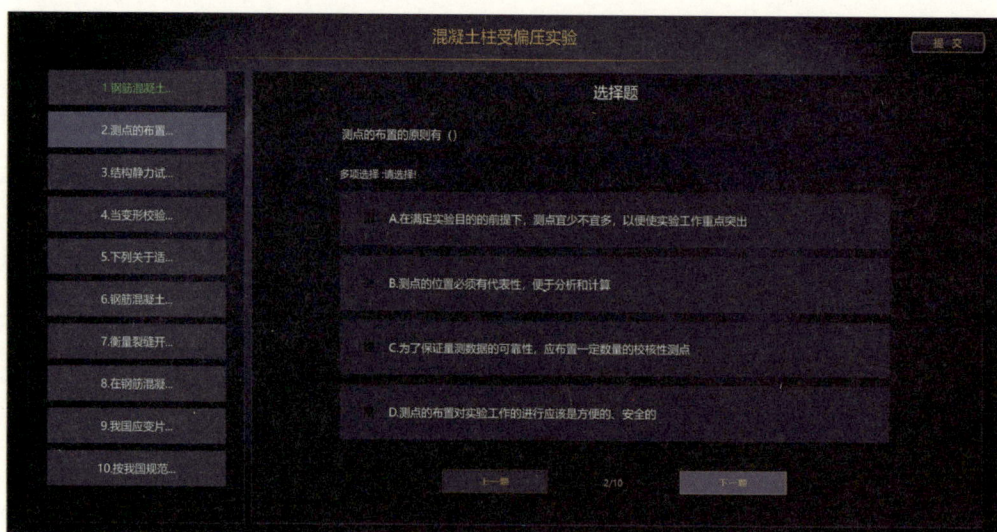

图 5-92　考核模块中的课后巩固选择题互动

参考文献

[1] 钱匡亮 . 建筑材料实验 [M]. 杭州 : 浙江大学出版社 , 2013.

[2] 余世策 , 刘承斌 . 土木工程结构实验——理论、方法与实践 [M]. 杭州 : 浙江大学出版社 , 2009.

[3] 周明华 . 土木工程结构实验与检测 [M]. 南京 : 东南大学出版社 , 2002.

[4] 王伯雄 . 测试技术基础 [M]. 北京 : 清华大学出版社 , 2003.

[5] 孔德仁 , 朱蕴璞 , 狄长安 . 工程测试技术 [M]. 2 版 . 北京 : 科学出版社 , 2009.

[6] 李忠献 . 工程结构试验理论与技术 [M]. 天津 : 天津大学出版社 , 2004.

[7] 王娴明 . 建筑结构试验 [M]. 北京 : 清华大学出版社 , 1988.

[8] 王天稳 . 土木工程结构试验 [M]. 2 版 . 武汉 : 武汉理工大学出版社 , 2006.

[9] 姚振纲 , 刘祖华 . 建筑结构试验 [M]. 上海 : 同济大学出版社 , 1996.

[10] 李德寅 , 王邦楣 , 林亚超 . 结构模型实验 [M]. 北京 : 科学出版社 , 1996.

[11] 马永欣 , 郑山锁 . 结构试验 [M]. 北京 : 科学出版社 , 2001.

[12] 蔡中民 , 等 . 混凝土结构试验与检测技术 [M]. 北京 : 机械工业出版社 , 2005.

[13] 王柏生 . 结构试验与检测 [M]. 杭州 : 浙江大学出版社 , 2007.

[14]GB 50152—2012. 混凝土结构试验方法标准 [S]. 北京 : 中国建筑工业出版社 , 2012.

[15] 余世策 , 刘承斌 , 赏星云 , 等 . 钢筋混凝土构件受扭性能试验的教学实践 [J]. 高等建筑教育 ,
    2008, 17(4): 139-141.

[16] 余世策 , 蒋建群 , 刘承斌 , 等 . 钢筋混凝土实验教学综合改革 [J]. 实验室研究与探索 , 2013,
    32(6): 154-157.

[17] 余世策 . 钢筋混凝土结构受力破坏虚拟仿真实验 [EB/OL]. https://ilab.zju.edu.cn/vlab/ gjhnt.html.